Jutta Arrenberg

Analyse multivariater Daten mit SPSS

Übungsbuch mit ausführlichen Beispielen

4. Auflage

Analyse multivariater Daten mit SPSS

Übungsbuch mit ausführlichen Beispielen

von

Prof. Dr. Jutta Arrenberg

4., überarbeitete Auflage

Bibliografische Information der Deutschen Nationalbibliothek
Die Deutsche Nationalbibliothek verzeichnet diese Publikation in der Deutschen Nationalbibliografie; detaillierte bibliografische Daten sind im Internet über <http:\\ dnb.dnb.de> abrufbar.

©2021 Jutta Arrenberg
Cover-Grafik: Burkhard Arrenberg, Hamburg
Herstellung und Verlag: BoD - Books on Demand, Norderstedt
ISBN: 978 - 3 - 753 - 43892 - 4

Vorwort zur vierten Auflage

Für die vierte Auflage wurden die SPSS-27-Befehle aktualisiert.
Diese in diesem Buch verwendeten sav-Dokumente können heruntergeladen werden von meiner website *https://th-koeln.arrenberg.com/* unter dem Link Übungen für Quantitative Methoden im Master-Studium.
Ich wünsche Ihnen weiterhin viel Freude und Erfolg bei der Analyse von Daten.

Vorwort zur dritten Auflage

Diese Auflage wurde durch die Berechnungen zum Kruskal-Wallis-Test erweitert.
Ich wünsche Ihnen weiterhin viel Freude und Erfolg bei der Analyse von Daten.

Vorwort zur zweiten Auflage

Für diese Auflage wurde der Text durch weitere übersichtliche Zusammenfassungen in Form von Entscheidungsdiagrammen erweitert. Diese Entscheidungsdiagramme sollen dabei helfen, das korrekte statistische Verfahren auszuwählen. Ferner wurde der Text ergänzt durch die Herleitung der Hauptkomponenten-Analyse.

Vorwort zur ersten Auflage

Das Buch stellt die wichtigsten Verfahren der Statistik zur Analyse multivariater Datensätze vor:

> Assoziationsmaße, binäre logistische Regression, Chi-Quadrat-Unabhängigkeitstest, Clusteranalyse, Hauptkomponenten-Analyse, Jarque-Bera-Test, Kruskal-Wallis-Test, Levene-Test, Lilliefors-Test, lineare Regression, multinomiale logistische Regression, ordinale Regression, Shapiro-Wilk-Test, t-test, Welch-Test, Varianzanalyse.

Die einzelnen Verfahren werden jeweils anhand eines leicht verständlichen Beispiels erklärt, um den Lernerfolg sicherzustellen. Die Schritte für die Lösungsfindung mit SPSS sind im Buch dargestellt. Für das tiefere Verständnis werden die statistischen Verfahren teilweise auch detailliert erläutert.

Nach der Lektüre des Buches ist der Leser (w, m) in der Lage, eigenständig umfassende statistische Analysen von multivariaten Datensätzen durchzuführen.

Vorkenntnisse in Statistik sind hilfreich zum Lesen des Buches, aber nicht unbedingt erforderlich. Die dargestellten Verfahren sind auch ohne vorherige Grundlagen-Kenntnisse in Statistik plausibel.

Dieses Buch ist über einen Zeitraum von zwanzig Semestern entstanden und hat dabei von den Zwischenfragen der Hörerinnen und Hörer meiner Vorlesung profitiert.

Ich danke allen, die zum Entstehen dieses Buches beigetragen haben und wünsche Ihnen viel Freude und viel Erfolg beim Lesen.

Köln, im Februar 2021   Jutta Arrenberg

Inhaltsverzeichnis

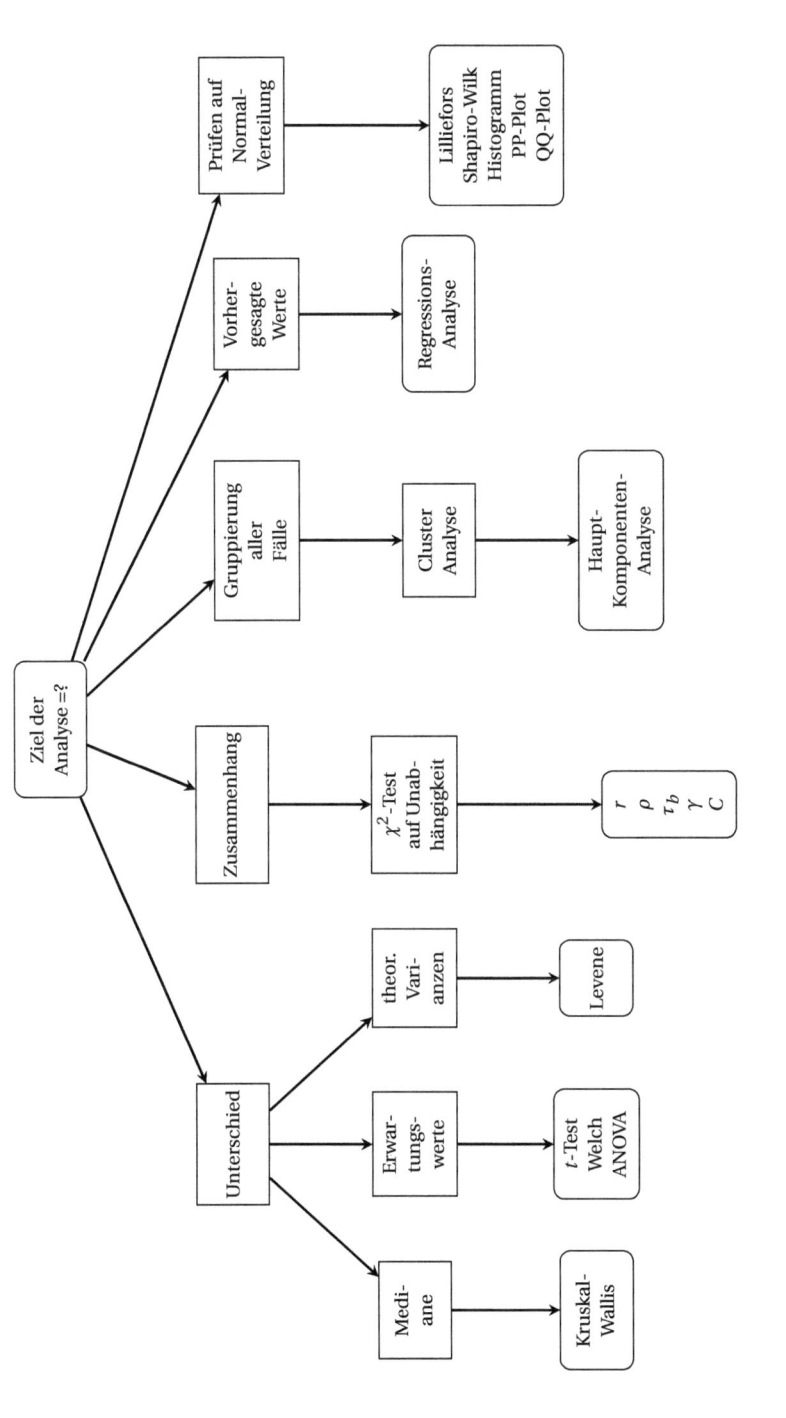

1 Einleitung

Für die Analyse umfangreicher Daten sind sowohl Statistik- als auch Informatik-Kenntnisse erforderlich.

Methoden der Informatik werden benötigt, um Daten aufzubereiten, zu säubern, zu konvertieren und zu modellieren.

In diesem Buch möchten wir mit statistischen Methoden Daten analysieren. Um den Rechenaufwand möglichst gering zu halten, werden wir zur Unterstützung das Statistik-Software-Paket SPSS Statistics 27.0 heranziehen.

⚠ Mit der Tastenkombination $< Strg > + < \cdot >$ kann ein Prozess in SPSS abgebrochen werden. Dies ist insb. dann wichtig, wenn falsche Befehle eingegeben wurden und SPSS nach einigen Minuten immer noch kein Ergebnis liefert.

Falls Sie eine andere Sprache als Deutsch wünschen (z.B. Englisch), so müssen Sie in SPSS wie folgt vorgehen:

1) Bearbeiten → Optionen ...

2) „Sprache" anklicken.
   Ausgabe = Englisch
   Benutzerschnittstelle = Englisch

3) ok

Wenden Sie sich an das Servicecenter für Informationstechnologie Ihrer Hochschule, wenn Sie eine gratis-Lizenz von SPSS für die Anfertigung Ihrer Bachelor- oder Master-Thesis benötigen.

1.1 Skalierung von Variablen

Um aus der Vielfalt der statistischen Verfahren das zutreffende Verfahren auszuwählen, ist es zunächst wichtig, die Skalierung der Daten zu kennen, da einige Verfahren von der Skalierung der Daten abhängen.

Im Wesentlichen wird in der Statistik zwischen drei Skalierungen unterschieden: nominal, ordinal und metrisch.

Ein Merkmal ist **nominal** skaliert, wenn seine Merkmalsausprägungen sich nicht intrinsisch anordnen lassen. Beispiele für nominal skalierte Merkmale sind X = Religionszugehörigkeit (Christ, Buddhist, Moslem, ...), X = Augenfarbe (blau, braun, grün), X = Geburtsland (Deutschland, Kamerun, Türkei, ...).

Hat ein nominales Merkmal lediglich zwei Merkmalsausprägungen, so wird dieses Merkmal auch als **dichotomes** Merkmal bezeichnet. Beispiel dazu ist X=Geschlecht mit den zwei Ausprägungen weiblich, nicht weiblich. Eine dichotome Variable heißt **binäre** Variable, wenn ihre beiden Ausprägungen mit 0 und 1 kodiert werden.

Eine Variable heißt **ordinal**, wenn ihre Realsierungen einer intrinsischen Ordnung unterliegen, der Abstand zwischen zwei Realsierungen sich aber nicht messen lässt. Zum Beispiel X = Grad der Zufriedenheit (oder Wichtigkeit) mit den Realisierungen „sehr unzufrieden (unwichtig)" bis hin zu „sehr zufrieden (wichtig)". Oder X = Rauchgewohnheit mit den Ausprägungen Nichtraucher, mäßiger Raucher, starker Raucher.

Eine Variable wird als **metrisch** skaliert bezeichnet, wenn sich ihre Realsierungen gemäß einer Metrik ordnen lassen, so dass der Abstand zwischen zwei Werten vergleichbar ist. Beispiele für metrisch skalierte Variablen sind X = Alter, X = Einkommen, X = Temperatur.

1.2 Typen von Variablen

Wir unterscheiden zwei Typen von Variablen: diskrete Variablen und stetige Variablen.

Eine statistische Variable X heißt **diskret**, falls X nur eine endlich Anzahl oder höchstens eine abzählbar unendliche Anzahl von Werten annehmen kann.

Beispiel 1.1

Die Variable X = „Alter eines Menschen" gemessen in vollen Jahren kann die Werte 0, 1, 2, 3, ..., 120 annehmen, also 121 verschiedene Werte. Somit ist X eine diskrete Variable.

Die Variable X = „Geschlecht" kann die Werte 1=„weiblich", 2=„männlich", 3=„divers" annehmen. Das sind drei verschiedene Werte. Somit ist X eine diskrete Variable.

Die Variable X = „Anzahl der Arbeiter eines Unternehmens" kann die Werte 0, 1, 2, 3, ... = $\mathbb{N}_0$ annehmen. Die Werte der natürlichen Zahlen sind zwar unendlich viele Werte, die sich jedoch abzählen lassen. Somit ist X eine diskrete Variable.

Im Gegensatz dazu heißt eine statistische Variable **stetige** Variable, wenn X alle Werte aus einem Intervall annehmen kann. Die Werte innerhalb eines Intervalls lassen sich nicht mehr abzählen.

Beispiel 1.2

Die Variable X = „Alter einer Person" kann alle Werte im Intervall $[0;120]$ annehmen, X ist somit eine stetige Variable.

Die Variable X = „Zeit für ein persönliches Gespräch (in Stunden pro Tag)" kann alle Werte aus dem Intervall $[0;24]$ annehmen und ist somit eine stetige Variable.

Gemessen werden können Werte einer stetigen Variablen jedoch nur in diskreten Sprüngen.

1.3 Dimensionen einer Stichprobe

Eine Stichprobe kann die folgenden drei Dimensionen aufweisen: univariat, bivariat, multivariat.

Werden n Unternehmen gefragt, wie viele Arbeiter sie beschäftigen, so erhalten wir die n Werte $x_1, x_2, ..., x_n$. Diese Stichprobe wird als **univariater** Datensatz bezeichnet.

Wird jedes der n Unternehmen zusätzlich befragt über ihre Anzahl Y von Managern, so erhalten wir die Stichprobe $(x_1, y_1), (x_2, y_2), ..., (x_n, y_n)$. Diese

Stichprobe wird als **bivariater** Datensatz bezeichnet.

Wird außerdem noch nach der Höhe Z der Umsätze gefragt, so erhalten wir die Stichprobe $(x_1, y_1, z_1), (x_2, y_2, z_2), \ldots, (x_n, y_n, z_n)$. Diese Stichprobe wird als **multivariater** Datensatz bezeichnet.

Gibt es für jedes der n Unternehmen vier oder mehr Fragen, so wird der zugehörige Datensatz ebenfalls als ein multivariater Datensatz bezeichnet.

1.4   Exportieren nach WORD

In ein WORD-Dokument lassen sich SPSS-Eingaben sowie SPSS-Ausgaben problemlos hinein kopieren. Es gibt drei verschiedene Wege, SPSS-Tabellen und Grafiken nach WORD zu exportieren:

Erste Möglichkeit: SPSS-Eingabetabellen sowie SPSS-Ausgabetabellen und Grafiken werden mit den zwei Befehlen <Strg> + <C> und <Strg> + <V> in WORD-Dokumente kopiert („copy" und „paste").

Zweite Möglichkeit: SPSS-Tabellen können wie folgt nach WORD exportiert werden:

1) Starten Sie die Textverarbeitung WORD.

2) Starten Sie SPSS und erzeugen Sie die gewünschte SPSS-Ausgabe.

3) Klicken Sie im linken Feld der SPSS-Ausgabe mit der linken Maustaste auf das zu übertragene Diagramm bzw. auf die zu übertragene Tabelle.

4) Wählen Sie im SPSS-Menü:
   Bearbeiten → Kopieren
   Das Diagramm/die Tabelle wird in die Zwischenablage kopiert.

5) Drücken Sie gleichzeitig die Tasten $\boxed{\text{Alt}}$ und $\boxed{\rightleftarrows}$. Halten Sie $\boxed{\text{Alt}}$ dabei gedrückt und wechseln Sie auf diese Weise nach WORD.

6) Wählen Sie aus dem WORD-Menü:
   Bearbeiten → Inhalte einfügen

7) Wählen Sie im Pulldown-Menü: die Einstellung „Grafik" und drücken Sie anschließend „OK".
Das Diagramm/die Tabelle wird in die Textverarbeitung übertragen.

Falls die beiden ersten Möglichkeiten nicht funktionieren sollten, so gibt es eine dritte Möglichkeit. Bei dieser dritten Möglichkeit wird für die SPSS-Ausgabe eine neue WORD-Datei erstellt.

1) Im linken Fenster der SPSS-Ausgabe auf die gewünschte Ausgabe klicken.

2) In den oberen Menü-Leisten auf das Symbol „Exportieren" klicken. (Zweite Zeile von oben, fünftes Symbol, weißes Blatt mit grünem Pfeil nach links)
Bezeichnen Sie den Pfad der WORD-Datei, wohin die SPSS-Ausgabe exportiert werden soll, unter „Dateiname".
Tragen Sie als Dokument-Typ „WORD/RTF (*.doc)" ein.

3) Klicken Sie auf „OK".
Es wird eine WORD-Datei mit der gewünschten Ausgabe gespeichert unter dem in „Dateiname" verwendeten Namen.

Zu „große" SPSS-Ausgaben werden wie folgt nach WORD exportiert:

1) SPSS-Ausgabe nach WORD kopieren

2) Rechter Mausklick auf Positionssymbol $\boxed{+}$ in WORD-Datei

3) AutoAnpassen → Größe an Fenster anpassen

1.5 Zusammenfassung

Wir unterscheiden bei einer statistischen Variable sowohl den Typ (diskret oder stetig) als auch die Skalierung:

Skalierung	Typ	statistische Variable
nominal	diskret	X = Geschlecht 1 = weiblich 2 = männlich 3 = divers
ordinal	diskret	X = Grad der Zufriedenheit 1 = sehr zufrieden 2 = zufrieden 3 = unzufrieden
metrisch	diskret	X = Anzahl der Geschwister $X = 0, 1, 2, 3, \ldots$
	stetig	X = Einkommen (in €) $X \in [0; \infty)$

2 Statistische Verfahren

Statistische Verfahren lassen sich in zwei Analysemethoden einteilen: deskriptive Verfahren und induktive Verfahren.

Im Falle von deskriptiven Verfahren soll ein Datensatz durch Kennzahlen abkürzend übersichtlich beschrieben werden. Kennzahlen sind dabei z.B. das arithmetische Mittel oder die empirische Standardabweichung.

Beispiel 2.1
Von fünf Befragten wird das Alter festgehalten: 29, 31, 25, 26, 29.
Das **arithmetische Mittel** beträgt:

$$\frac{1}{5}[29 + 31 + 25 + 26 + 29] = 28 \text{ Jahre}$$

Und die **empirische Standardabweichung** ist:

$$\sqrt{\frac{1}{5}[(29-28)^2 + (31-28)^2 + (25-28)^2 + (26-28)^2 + (29-28)^2]}$$
$$= 2,19 \text{ Jahre}$$

Im Gegensatz zur deskriptiven Statistik ist die Aufgabe der induktiven Statistik nicht, eine Stichprobe zu beschreiben, sondern Informationen über die zugrunde liegende Grundgesamtheit zu geben. Zum Beispiel soll das mittlere Alter einer Bevölkerung ermittelt werden. Induktive Statistik behandelt basierend auf einer Stichprobe Verallgemeinerungen, Vorhersagen, Schätzungen und Testverfahren.

2.1 Statistischer Tests

Ein **statistischer Test** ist eine Entscheidungsregel zwischen zwei gegensinnigen Behauptungen H_0 und H_1. Die Testentscheidung wird aufgrund einer Stichprobe gefällt. Weil die Realität unbekannt ist, kann ein Test zwei Fehlentscheidungen treffen:

Test-Entscheidung	Realität	
	H_0 ist wahr	H_1 ist wahr
für H_0	richtige Entscheidung	**Fehler 2. Art**
für H_1	**Fehler 1. Art**	richtige Entscheidung

Gerne würden wir die Wahrscheinlichkeiten für beide Fehler möglichst klein halten, aber das ist leider nicht möglich: Wenn die Wahrscheinlichkeit für den Fehler 1. Art kleiner wird, so wird die Wahrscheinlichkeit für den Fehler 2. Art größer. Deshalb wurde für statistische Testverfahren vereinbart, dass lediglich die Wahrscheinlichkeit für den Fehler 1. Art klein gehalten wird, i.e. die obere Grenze für die Fehlerwahrscheinlichkeit 1. Art beträgt α (*lies: alpha*):

$$P(\text{Fehler 1. Art}) \leq \alpha$$

Übliche Werte für α sind 0,01 bzw. 0,05 bzw. 0,10 (vgl. Arrenberg [2020] S. 230). Der Wert für α wird auch als theoretisches **Signifikanzniveau** bezeichnet:

Signifikanzniveau α		
0,01	0,05	0,10

Je kleiner der Wert von α gewählt wird, desto länger hält der Test an der Nullhypothese fest.

Die Wahrscheinlichkeit für den Fehler 2. Art wird mit β (*lies: beta*) bezeichnet. Diese Wahrscheinlichkeit ist nicht größer als $1 - \alpha$; i.e. $\beta \leq 1 - \alpha$:

$$P(\text{Fehler 2. Art}) \leq 1 - \alpha$$

Im Folgenden werden wir für α den Wert $\alpha = 0,05$ unterstellen.

SPSS berechnet für jeden statistischen Test aufgrund einer Stichprobe den sogenannten ***p*-Wert**.

⚠ Der p-Wert wird in den SPSS-Ausgaben als empirisches Signifikanzniveau bezeichnet.

> Die Nullhypothese H_0 wird abgelehnt genau dann,
> wenn der p-Wert kleiner gleich 0,05 ist.

Die Berechnung des p-Werts hängt ab von der Stichprobe und ist der kleinst-mögliche Wert für α, für den die Nullhypothese eines Tests zum Niveau α abgelehnt wird. Üblicherweise wird jedoch der Wert für α vor dem Testen vom Statistiker (w, m) festgelegt.

Zurzeit (vgl. SZ vom 23./24.09.2017 Seite 37, „Das magische P") gibt es eine rege Diskussion über den Sinn eines p-Wertes (vgl. Amrhein/Greenland/McShane [2019]).

Der mit einer Software berechnete p-Wert ermöglicht es auch Nicht-Statistikern (w, m), einen statistischen Test durchzuführen. Die Gefahr dabei ist, die Testergebnisse nur unter den beiden Aspekten „signifikant" und „nicht signifikant" zu betrachten. Um diese Gefahr/diesen Fehler zu vermeiden, sollte bei der Veröffentlichung einer Testentscheidung immer auch die Höhe des p-Wertes angegeben werden, um zu dokumentieren, wie satt oder wie knapp die Testentscheidung getroffen wurde. Je kleiner der p-Wert, desto unplausibler ist H_0.

2.2   Zusammenfassung

Ein statistischer Test zum Signifikanzniveau α ist eine Entscheidungsregel zwischen zwei Behauptungen:

> H_0: Behauptung
> versus
> H_1: Gegensinnige Behauptung
> Ablehnung von H_0 genau dann, wenn p-Wert $\leq \alpha$

Die Wahrscheinlichkeit α ist eine obere Grenze für die Wahrscheinlichkeit des Fehlers, dass der Test H_0 ablehnt, obwohl in der Realität H_0 zutrifft. Der p-Wert ist der kleinst-mögliche Wert für α, für den die Nullhypothese abgelehnt werden würde.

3 Unabhängigkeits-Test

Hauptaufgabe: Anhand einer bivariaten Stichprobe soll geprüft werden, ob zwei Variablen stochastisch unabhängig sind.

Geschäftsleitende Entscheidungen beruhen auf Analysen. Dabei ist es u.a. wichtig zu wissen, ob bestimmte ökonomische Größen wie z.B. Umsatz und Ausgaben für Marktforschung voneinander abhängen.

Zwei Zufallsvariablen X und Y heißen genau dann **stochastisch unabhängig**, wenn für alle x, y gilt: $P(X \leq x \cap Y \leq y) = P(X \leq x) \cdot P(Y \leq y)$.

Beispiel 3.1

Wir betrachten das Würfeln mit zwei unterscheidbaren Würfeln:

X = Augenzahl des ersten Würfels

Y = Augenzahl des zweiten Würfels

Uns interessiert bei diesem Zufallsexperiment eine dritte Zufallsvariable Z:

Z = Maximum beider Augenzahlen

Damit das Maximum der beiden Augenzahlen 1 beträgt, müssen sowohl der erste Würfel als auch der zweite Würfel jeweils die Augenzahl 1 haben.

Damit das Maximum der beiden Augenzahlen 2 beträgt, muss eine der drei Kombinationen (1; 2) oder (2; 1) oder (2; 2) gewürfelt werden.

Damit das Maximum der beiden Augenzahlen 3 beträgt, muss eine der fünf Kombinationen (1; 3) oder (2; 3) oder (3; 3) oder (3; 2) oder (3; 1) gewürfelt werden.

Damit das Maximum der beiden Augenzahlen 4 beträgt, muss eine der sieben Kombinationen (1; 4) oder (2; 4) oder (3; 4) oder (4; 4) oder (4; 3) oder (4; 2) oder (4; 1) gewürfelt werden.

Damit das Maximum der beiden Augenzahlen 5 beträgt, muss eine der neun Kombinationen (1; 5) oder (2; 5) oder (3; 5) oder (4; 5) oder (5; 5) oder (5; 4) oder $(5;3)$ oder $(5;2)$ oder $(5;1)$ gewürfelt werden.

Damit das Maximum der beiden Augenzahlen 6 beträgt, muss eine der elf Kombinationen $(1;6)$ oder $(2;6)$ oder $(3;6)$ oder $(4;6)$ oder $(5;6)$ oder $(6;6)$ oder $(6;5)$ oder $(6;4)$ oder $(6;3)$ oder $(6;2)$ oder $(6;1)$ gewürfelt werden.

Die Zufallsvariable Z besitzt somit folgende Wahrscheinlichkeitsfunktion $P(Z = z)$:

z	1	2	3	4	5	6
$P(Z = z)$	$\frac{1}{36}$	$\frac{3}{36}$	$\frac{5}{36}$	$\frac{7}{36}$	$\frac{9}{36}$	$\frac{11}{36}$

Für die gemeinsamen Ereignisse $\{X = x, Z = z\}$ ergeben sich folgende Wahrscheinlichkeiten $f_{X,Z}(x, z) = P(\{X = x\} \cap \{Z = z\})$:

$x\backslash z$	1	2	3	4	5	6
1	$\frac{1}{36}$	$\frac{1}{36}$	$\frac{1}{36}$	$\frac{1}{36}$	$\frac{1}{36}$	$\frac{1}{36}$
2	0	$\frac{2}{36}$	$\frac{1}{36}$	$\frac{1}{36}$	$\frac{1}{36}$	$\frac{1}{36}$
3	0	0	$\frac{3}{36}$	$\frac{1}{36}$	$\frac{1}{36}$	$\frac{1}{36}$
4	0	0	0	$\frac{4}{36}$	$\frac{1}{36}$	$\frac{1}{36}$
5	0	0	0	0	$\frac{5}{36}$	$\frac{1}{36}$
6	0	0	0	0	0	$\frac{6}{36}$

Das sehen wir wie folgt ein:

Ereignis	Würfel-Kombinationen $(X; Y)$
$\{X=1\} \cap \{Z=1\}$	(1;1)
$\{X=1\} \cap \{Z=2\}$	(1;2)
$\{X=1\} \cap \{Z=3\}$	(1;3)
$\{X=1\} \cap \{Z=4\}$	(1;4)
$\{X=1\} \cap \{Z=5\}$	(1;5)
$\{X=1\} \cap \{Z=6\}$	(1;6)
$\{X=2\} \cap \{Z=1\}$	ist nicht möglich
$\{X=2\} \cap \{Z=2\}$	(2;1) oder (2;2)
$\{X=2\} \cap \{Z=3\}$	(2;3)
$\{X=2\} \cap \{Z=4\}$	(2;4)
$\{X=2\} \cap \{Z=5\}$	(2;5)
$\{X=2\} \cap \{Z=6\}$	(2;6)
$\{X=3\} \cap \{Z=1\}$	ist nicht möglich
$\{X=3\} \cap \{Z=2\}$	ist nicht möglich
$\{X=3\} \cap \{Z=3\}$	(3;1) oder (3;2) oder (3;3)
$\{X=3\} \cap \{Z=4\}$	(3;4)
$\{X=3\} \cap \{Z=5\}$	(3;5)
$\{X=3\} \cap \{Z=6\}$	(3;6)
$\{X=4\} \cap \{Z=1\}$	ist nicht möglich
$\{X=4\} \cap \{Z=2\}$	ist nicht möglich
$\{X=4\} \cap \{Z=3\}$	ist nicht möglich
$\{X=4\} \cap \{Z=4\}$	(4;1) oder (4;2) oder (4;3) oder (4;4)
$\{X=4\} \cap \{Z=5\}$	(4;5)
$\{X=4\} \cap \{Z=6\}$	(4;6)
$\{X=5\} \cap \{Z=1\}$	ist nicht möglich
$\{X=5\} \cap \{Z=2\}$	ist nicht möglich
$\{X=5\} \cap \{Z=3\}$	ist nicht möglich
$\{X=5\} \cap \{Z=4\}$	ist nicht möglich
$\{X=5\} \cap \{Z=5\}$	(5;1) oder (5;2) oder (5;3) oder (5;4) oder (5;5)
$\{X=5\} \cap \{Z=6\}$	(5;6)
$\{X=6\} \cap \{Z=1\}$	ist nicht möglich
$\{X=6\} \cap \{Z=2\}$	ist nicht möglich
$\{X=6\} \cap \{Z=3\}$	ist nicht möglich
$\{X=6\} \cap \{Z=4\}$	ist nicht möglich
$\{X=6\} \cap \{Z=5\}$	ist nicht möglich
$\{X=6\} \cap \{Z=6\}$	(6;1), (6;2), (6;3), (6;4), (6;5), (6;6)

Insbesondere gilt dann:

$$P(X = 2, Z = 3) = \frac{1}{36} \neq \frac{1}{6} \cdot \frac{5}{36} = P(X = 2) \cdot P(Z = 3)$$

d.h. die Zufallsvariablen X und Z sind nicht stochastisch unabhängig; d.h. die Zufallsvariablen X und Z sind abhängig. Das Maximum zweier Augenzahlen hängt davon ab, welche Augenzahl der erste Würfel anzeigt.

3.1 Pearson Chi-Quadrat-Test

Der Pearson Chi-Quadrat-Test erlaubt alle drei Skalierungsmöglichkeiten von Variablen:

nominal: ja
ordinal: ja
metrisch: ja

Der Pearson Chi-Quadrat-Test überprüft anhand eines bivariaten Datensatzes die Hypothesen:

Pearson Chi-Quadrat-Test
H_0 : X, Y sind stochastisch unabhängig
gegen
H_1 : X, Y sind abhängig
Ablehnung von H_0 $\Leftrightarrow$ p-Wert $\leq \alpha$

Beispiel 3.2 (*Partei_Eltern.sav* aus Agresti [1990] p. 32)
Wir möchten zum Signifikanzniveau $\alpha = 0{,}05$ testen, ob die Parteizugehörigkeit X eines Studierenden stochastisch unabhängig ist von der Parteizugehörigkeit Y der Eltern.

H_0 : Parteizugehörigkeit des Studierenden und Parteizugehörigkeit seines Vaters sind stochastisch unabhängig
H_1 : Parteizugehörigkeit des Studierenden und Parteizugehörigkeit seines Vaters sind abhängig

Um eine Testentscheidung treffen zu können, benötigen wir eine Stichprobe. Bei 1 852 High-School-Studierenden wurde erfragt, welche politische

Partei sie wählen, und welche politische Partei ihre Eltern wählen. Es ergaben sich folgende Daten:

Parteizug. der Eltern	Parteizugehörigkeit des Studierenden		
	Demokraten	Unabhängig	Republikaner
Demokraten	604	245	67
Unabhängig	130	235	76
Republikaner	63	180	252

Um zu testen, benötigen wir die Zeilensummen $n_{i\bullet}$ und die Spaltensummen $n_{\bullet j}$:

Parteizug. der Eltern	Parteizugehörigkeit des Studierenden			Σ
	Demokraten	Unabhängig	Republikaner	
Demokraten	604	245	67	916
Unabhängig	130	235	76	441
Republikaner	63	180	252	495
Σ	797	660	395	1 852

Die Nullhypothese wird abgelehnt, falls der Unterschied zwischen den beobachteten Häufigkeiten 604, 245, ..., 252 und den unter H_0 **erwarteten Häufigkeiten** $\frac{916 \cdot 797}{1852}$, $\frac{916 \cdot 660}{1852}$, ..., $\frac{495 \cdot 395}{1852}$ „zu groß" ist. D.h. die Nullhypothese H_0 wird abgelehnt, falls der p-Wert kleiner oder gleich $\alpha = 0{,}05$ beträgt. Um den p-Wert bestimmen zu können, benötigen wir den empirischen Wert der Teststatistik. Die Prüfgröße/Teststatistik lautet:

$$
\begin{aligned}
\chi^2_{\text{emp.}} &= \sum_{i=1}^{I} \sum_{j=1}^{J} \frac{\left(n_{ij} - \frac{n_{i\bullet} \cdot n_{\bullet j}}{n}\right)^2}{\frac{n_{i\bullet} \cdot n_{\bullet j}}{n}} \\
&= \frac{(604 - \frac{916 \cdot 797}{1852})^2}{\frac{916 \cdot 797}{1852}} + \frac{(245 - \frac{916 \cdot 660}{1852})^2}{\frac{916 \cdot 660}{1852}} + \frac{(67 - \frac{916 \cdot 395}{1852})^2}{\frac{916 \cdot 395}{1852}} \\
&\quad + \frac{(130 - \frac{441 \cdot 797}{1852})^2}{\frac{441 \cdot 797}{1852}} + \frac{(235 - \frac{441 \cdot 660}{1852})^2}{\frac{441 \cdot 660}{1852}} + \frac{(76 - \frac{441 \cdot 395}{1852})^2}{\frac{441 \cdot 395}{1852}} \\
&\quad + \frac{(63 - \frac{495 \cdot 797}{1852})^2}{\frac{495 \cdot 797}{1852}} + \frac{(180 - \frac{495 \cdot 660}{1852})^2}{\frac{495 \cdot 660}{1852}} + \frac{(252 - \frac{495 \cdot 395}{1852})^2}{\frac{495 \cdot 395}{1852}}) \\
&= 585{,}9836
\end{aligned}
$$

Daraus ergibt sich der p-Wert wie folgt:

$$p\text{-Wert} = P_{2\cdot 2}\left(\chi^2 > 585{,}9836\right) = P_4\left(\chi^2 > 585{,}9836\right) = 1{,}6734 \cdot 10^{-125} \approx 0$$

d.h. der p-Wert ist kleiner (oder gleich) α; d.h. die Nullhypothese wird abgelehnt; d.h. die Parteizugehörigkeit von Studierenden und Eltern sind abhängig voneinander.

Die Nullhypothese H_0 wird abgelehnt, falls die Teststatistik χ^2 größer ist als der 95%-Punkt der χ^2-Verteilung mit $(I-1)(J-1)$ Freiheitsgraden, wobei I die Anzahl der Zeilen und J die Anzahl der Spalten der Daten-Tabelle bezeichnen. Die χ^2-Verteilung ist lediglich eine Annäherung. Diese Annäherung ist gut, falls für alle Quotienten gilt:

$$\frac{n_{i\bullet} \cdot n_{\bullet j}}{n} \geq 5$$

Sollte einmal für ein Beispiel diese Forderung nicht erfüllt sein, so kann versucht werden, durch Zusammenfassen von Kategorien/Klassen diese Forderung zu erfüllen.

Cochran (vgl. Agresti [1990] p. 246) hat 1954 vorgeschlagen, dass der Chi-Quadrat- Unabhängigkeitstest auch dann durchgeführt werden darf, wenn: *Cochran studied the chi-squared approximation for χ^2 in a series of articles. In 1954, he suggested that to test independence with df > 1, a minimum expected value of 1 is permissible as long as no more than about 20% of the cells have expected values below 5.*

Zusammengefasst ergeben sich damit die folgenden Forderungen:

1) Mindestens eine der beiden Variablen X, Y sollte drei oder mehr Kategorien haben; d.h. die Anzahl der Freiheitsgrade (df=degree of freedom) sollte größer als eins betragen
   Vorgehensweise: Liegt eine 2×2-Kreuztabelle vor, so ist die Anzahl der Freiheitsgrade eins und es muss eine Stetigkeitskorrektur nach Yates (vgl. Agresti [2009] p. 68: *For 2×2 tables, Yates (1934) suggested a correction to the Pearson statistic, ..., to adjust for using continuous chi-squared distribution to approximate a discrete distribution. The corrected statistic gives P-Values (from the chi-squared distribution) that better approximate ...*) für die Berechnung des p-Wertes vor-

genommen werden. Der p-Wert ist dann in der SPSS-Ausgabe unter Kontinuitätskorrektur abzulesen

2) Die minimale erwartete Häufigkeit darf nicht kleiner als eins sein. **Vorgehensweise:** In der SPSS-Ausgabe wird die minimale erwartete Häufigkeit angegeben.

3) Höchstens 20% aller Zellen dürfen eine erwartete Häufigkeit kleiner als fünf haben. **Vorgehensweise:** In der SPSS-Ausgabe wird sowohl die Anzahl der Zellen als auch die Prozentzahl der Zellen mit erwarteter Häufigkeit kleiner fünf angegeben.

Fazit: Die **Faustregel:** zum Durchführen eines Chi-Quadrat-Unabhängigkeitstests lautet wie folgt:

Faustregel:

1) Falls df=1 ist, so muss der p-Wert in der Zeile „Kontinuitätskorrektur" (nach Yates) abgelesen werden.

2) Höchstens 20 % aller Zellen dürfen eine erwartete Häufigkeit $\dfrac{n_{i\bullet} \cdot n_{\bullet j}}{n}$ kleiner als fünf haben.

3) Die minimale erwartete Häufigkeit muss mindestens eins betragen.

Anmerkung: Der χ^2-Unabhängigkeitstest kann keinen Richtungszusammenhang aufdecken, da er die Ordnung der Kategorien nicht berücksichtigt.

Beispiel 3.3 (*Wahlverhalten_Studenten.sav* aus Handl S. 9)
Wir möchten prüfen, ob das Wahlverhalten und das Studienfach eines Studierenden stochastisch unabhängig voneinander sind:

H_0 : Wahlverhalten, Studienfach sind stochastisch unabhängig

H_1 : Wahlverhalten, Studienfach sind abhängig

Um eine Testentscheidung treffen zu können, benötigen wir eine Stichprobe. Bei einer Befragung von 20 Studentinnen und 80 Studenten nach ihrem Wahlverhalten und nach ihrem Studienfach ergaben sich folgende Daten:

Studentinnen	Wahlverhalten	
Studienfach	CDU	SPD
BWL	4	12
VWL	2	2

Studenten	Wahlverhalten	
Studienfach	CDU	SPD
BWL	46	24
VWL	4	6

Neben den beiden Variablen X = „Wahlverhalten" und Y = „Studienfach", die auf stochastische Unabhängigkeit getestet werden sollen, liegt eine dritte Variable Z = „Geschlecht" vor. Um auch das Geschlecht zu berücksichtigen, kann in SPSS eine dritte Variable als **Schicht** eingegeben werden:

Schicht = Geschlecht

Da uns das Geschlecht aber nicht interessiert, fassen wir die Daten wie folgt zusammen:

Studienfach	Wahlverhalten	
	CDU	SPD
BWL	50	36
VWL	6	8

Um zu testen, benötigen wir die Zeilensummen $n_{i\bullet}$ und die Spaltensummen $n_{\bullet j}$:

Studienfach	Wahlverhalten		Σ
	CDU	SPD	
BWL	50	36	86
VWL	6	8	14
Σ	56	44	100

Mit Kontinuitätskorrektur nach Yates beträgt der empirische Wert der Teststatistik:

$$\chi^2_{emp.} = \sum_{i=1}^{I} \sum_{j=1}^{J} \frac{\left(\mid n_{ij} - \frac{n_{i\cdot} \cdot n_{\cdot j}}{n} \mid - 0{,}5\right)^2}{\frac{n_{i\cdot} \cdot n_{\cdot j}}{n}}$$

$$= \frac{\left(\mid 50 - \frac{86 \cdot 56}{100} \mid - 0{,}5\right)^2}{\frac{86 \cdot 56}{100}} + \frac{\left(\mid 36 - \frac{86 \cdot 44}{100} \mid - 0{,}5\right)^2}{\frac{86 \cdot 44}{100}} + \frac{\left(\mid 6 - \frac{14 \cdot 56}{100} \mid - 0{,}5\right)^2}{\frac{14 \cdot 56}{100}}$$

$$+ \frac{\left(\mid 8 - \frac{14 \cdot 44}{100} \mid - 0{,}5\right)^2}{\frac{14 \cdot 44}{100}}$$

$$= \frac{(\mid 50 - 48{,}16 \mid - 0{,}5)^2}{48{,}16} + \frac{(\mid 36 - 37{,}84 \mid - 0{,}5)^2}{37{,}84}$$

$$+ \frac{(\mid 6 - 7{,}84 \mid - 0{,}5)^2}{7{,}84} + \frac{\left(\mid 8 - \boxed{6{,}16} \mid - 0{,}5\right)^2}{\boxed{6{,}16}}$$

$$= 0{,}03728405 + 0{,}04745243 + 0{,}2290306 + 0{,}2914935$$

$$= 0{,}6052606$$

$$\approx 0{,}6053$$

Die Überprüfung der Faustregel ergibt Folgendes:

1) Die Anzahl der Freiheitsgrade beträgt eins, d.h. df=1; d.h. der p-Wert ist unter Kontinuitätskorrektur abzulesen.

2) Die minimale erwartete Häufigkeit beträgt 6,16 (siehe Kasten in der obigen Berechnung)
   Somit ist die minimale erwartete Häufigkeit größer als eins.

3) Die erwarteten Häufigkeiten der vier Zellen betragen:
   48,16 und 37,84 und 7,84 und 6,16
   Somit hat keine der vier Zellen eine erwartete Häufigkeit kleiner fünf.

Das bedeutet, die Faustregel zum Durchführen des Chi-Quadrat-Tests ist erfüllt.
Und der p-Wert beträgt $P_1\left(\chi^2 > 0{,}6053\right) = 0{,}437$. Der Test entscheidet somit wie folgt:

$$p\text{-Wert}=0{,}437 > 0{,}05 = \alpha$$

d.h. H_0 wird nicht abgelehnt.

d.h. die Variablen „Studienfach" und „Wahlverhalten" sind stochastisch unabhängig.

Ist die Faustregel des Pearson-Chi-Quadrat-Tests nicht erfüllt, so lässt sich häufig nach dem Zusammenfassen von Kategorien oder durch Klassieren anschließend der Test durchführen.

Beispiel 3.4 (*Kriminalitaet.sav*)

Es soll mit dem Pearson Chi-Quadrat-Test überprüft werden, ob die Häufigkeit von Mordfällen und das Existieren einer Todesstrafe in einem Staat stochastisch unabhängig sind:

$$H_0 : \text{Morde und Todesstrafe sind stochastisch unabhängig}$$
$$H_1 : \text{Morde und Todesstrafe sind abhängig}$$

Fehler 1. Art: Irrtümliche Ablehnung von H_0; d.h. der Test erkennt nicht, dass der Zusammenhang zwischen Mordrate und Todesstrafe rein zufällig ist.

Fehler 2. Art: Irrtümliche Annahme von H_0; d.h. der Test erkennt nicht, dass Mordrate und Todesstrafe voneinander abhängen.

Der Pearson-Chi-Quadrat-Test kann für die beiden Variablen $X=$„Mord" und $Y=$„Todesstrafe" nicht durchgeführt werden, weil die Faustregel nicht erfüllt ist: 90,9 % aller Zellen haben eine erwartete Häufigkeit kleiner als fünf und die minimale erwartete Häufigkeit beträgt 0,41. Deshalb klassieren wir die Morde in drei Klassen (SPSS-Befehle siehe Kapitel 3.3.3):

1. Klasse = bis 3 Morde pro 100 000 Einwohner
2. Klasse = über 3 bis zu 6 Morde pro 100 000 Einwohner
3. Klasse = über 6 Morde pro 100 000 Einwohner

⚠ Die neue Variable, die mit „Mord_klassiert" bezeichnet wird, ist nicht mehr metrisch, sondern ordinal skaliert.

Der Pearson-Chi-Quadrat-Test kann für die beiden Variablen „Todesstrafe" und „Mord_klassiert" durchgeführt werden, da die Faustregel jetzt erfüllt ist: Keine Zelle hat eine erwartete Häufigkeit kleiner als fünf und die minimale erwartete Häufigkeit beträgt 6,18. Der p-Wert ist 0,573. Somit gibt es keinen Zusammenhang zwischen der Todesstrafe und der Häufigkeit von Morden in einem Bundesstaat.

Anmerkung: Ein Klassieren von Daten geht immer einher mit einem Informationsverlust. So ist der Mediziner Christian Drosten im Jahr 2020 kritisiert worden, als er bei der Untersuchung eines Zusammenhangs zwischen Alter und Viruslast von Covid-19 das Alter der untersuchten Personen klassiert hatte.

3.2 Zusammenfassung

Der Chi-Quadrat-Unabhängigkeitstest von Pearson überprüft anhand einer bivariaten Stichprobe (x_1, y_1), (x_2, y_2), ..., (x_n, y_n), ob zwei Variablen X und Y stochastisch unabhängig sind. Bei der Durchführung des Tests ist auf die Faustregel zu achten. Falls die Faustregel nicht erfüllt ist, kann durch das Zusammenfassen von Kategorien ggf. erreicht werden, dass es weniger Zellen in der Kreuztabelle gibt, die mit Nullen besetzt sind.

Liegt ein multivariater Datensatz (x_1, y_1, z_1), (x_2, y_2, z_2), ..., (x_n, y_n, z_n) vor, so kann eine Variable als Schicht gewählt werden, um dann die Unabhängigkeit der übrigen beiden Variablen für jede Ausprägung der Schicht zu überprüfen.

3.3 SPSS Befehle

3.3.1 Chi-Quadrat-Unabhängigkeitstest

Eingabe

Für das Beispiel 3.3 möchten wir einen χ^2-Unabhängigkeitstest durchführen. Wir bezeichnen das Studienfach BWL=1, VWL=2. Das Wahlverhalten bezeichnen wir mit CDU=1, SPD=2. Die Daten werden wie folgt eingegeben:

Nr.	Studienfach	Wahlverhalten	
1	1	1	
⋮	⋮	⋮	50 Personen
50	1	1	
51	1	2	
⋮	⋮	⋮	36 Personen
86	1	2	
87	2	1	
⋮	⋮	⋮	6 Personen
92	2	1	
93	2	2	
⋮	⋮	⋮	8 Personen
100	2	2	

Die Faustregel $\dfrac{n_{i\bullet} \cdot n_{\bullet j}}{n} \geq 5$ ist erfüllt, somit ist die Approximation durch die Chi-Quadrat-Verteilung gut.

Befehle

1) Öffnen Sie die Datei „Wahlverhalten_Studenten.sav"

2) Analysieren → Deskriptive Statistiken → Kreuztabellen …

3) Zeile(n) =„Studienfach "
Spalten=„Wahlverhalten"

4) Klicken Sie auf „Statistiken …" und machen Sie einen Haken bei „Chi-Quadrat". Dann auf „Weiter".

5) Zur Auswertung klicken Sie auf „OK".

Im Fall von df = 1 steht der p-Wert in der zweiten Zeile „Kontinuitätskorrektur" nach Yates in der Spalte „Asymptotische Signifikanz (zweiseitig)" der „Chi-Quadrat nach Pearson" Tabelle und beträgt 0,437. (Im Fall df > 1 steht der p-Wert in der ersten Zeile in der Spalte „Asymptotische Signifikanz (2-seitig)" der „Chi-Quadrat-Tests" Tabelle.)

Ausgabe

Chi-Quadrat-Tests

	Wert	df	Asympt. Sig. (2-seitig)	Exakte Sig. (2-seitig)	Exakte Sig. (1-seitig)
Pearson Chi-Quadrat nach	1,141[a]	1	,285		
Kontinuitätskorrektur[b]	,605	1	,437		
Likelihood-Quotient	1,132	1	,287		
Exakter Test nach Fisher				,386	,218
Zusammenhang linear-mit-linear	1,130	1	,288		
Anzahl der gültigen Fälle	100				

a. 0 Zellen (,0%) haben eine erwartete Häufigkeit kleiner 5. Die minimale

  erwartete Häufigkeit ist 6,16.

b. Wird nur für eine 2x2-Tabelle berechnet

3.3.2 Fälle auswählen

Für eine Analyse können anhand der Werte/Kategorien einer Variablen in einem *sav*-Dokument nur bestimmte Fälle ausgewählt werden.

Dabei wird unterschieden, ob die Variable als Realisationen eine Zeichenfolge (Stringvariable) hat oder ob es sich um eine numerische Variable handelt. So kann z.B. die Variable „Geschlecht" mit den Buchstaben w (weiblich), m (männlich) und d (divers) kodiert sein. Oder aber mit den Zahlen 1 (weiblich), 2 (männlich) und 3 (divers).

Ist gewünscht, nur die Frauen und Männer in diesem Datensatz auszuwählen, so muss wie folgt vorgegangen werden:

1. Fall: Geschlecht = Stringvariable

⚠ zweimal Gänsefüßchen oben

1) Daten → Fälle auswählen ...

2) „Falls Bedingung zutrifft" auswählen.
   „Falls ..." anklicken.

3) Fälle auswählen: Falls
   (Geschlecht = "w") | (Geschlecht = "m")
   Hinweis: Der senkrechte Strich „|" ist das Symbol für das logische Oder.
   „Weiter" anklicken.

4) „OK" anklicken.

Statt Geschlecht="w" oder Geschlecht="m" auszuwählen, wäre ebenso möglich: Geschlecht ~= "d" (ungleich) zu schreiben.

2. Fall: Geschlecht =numerische Variable

1) Daten → Fälle auswählen ...

2) „Falls Bedingung zutrifft" auswählen.
   „Falls ... " anklicken.

3) Fälle auswählen: Falls
   (Geschlecht = 1) | (Geschlecht = 2)
   „Weiter" anklicken.

4) „OK" anklicken.

Statt Geschlecht=1 oder Geschlecht=2 auszuwählen, wäre ebenso möglich: Geschlecht ~= 3 (ungleich) zu schreiben.

3.3.3 Klassieren

SPSS bietet zwei Möglichkeiten zum Klassieren an. Bei der ersten Möglichkeit wählen wir die Klassengrenzen selber aus. Bei der zweiten Möglichkeit geben wir lediglich vor, wie viele Klassen wir haben möchten und in jeder Klasse liegen dann etwa gleich viele Fälle.
Beispiel: In dem Datensatz *Kriminalitaet.sav* aus Beispiel 3.4 soll die Mordrate in drei Klassen aufgeteilt werden.
1. Möglichkeit:
1. Klasse = bis 3 Morde pro 100 000 Einwohner
2. Klasse = über 3 bis zu 6 Morde pro 100 000 Einwohner
3. Klasse = über 6 Morde pro 100 000 Einwohner

1) Öffnen Sie die Datei *Kriminalitaet.sav*.

2) Transformieren → Umkodieren in andere Variablen ...

3) Eingabevariable/Numerische Var. = Mord

4) Ausgabevariable
   Name = Mord_klassiert
   Ändern

5) Alte und neue Werte …

6) Alter Wert
   Bereich, KLEINSTER bis Wert: 3
   Neuer Wert
   Wert = 1
   Hinzufügen

7) Alter Wert
   Bereich: 3 bis 6
   Neuer Wert
   Wert = 2
   Hinzufügen

8) Alter Wert
   Bereich, Wert bis GRÖSSTER: 6
   Neuer Wert
   Wert = 3
   Hinzufügen
   Weiter

9) ok

SPSS ordnet z.B. den Wert 3 derjenigen Klasse zu, die zuerst beim Umkodieren genannt wird. In diesem Fall wird 3 der ersten Klasse zugeordnet.
Hätten wir zuerst die 2. und 3. Klasse umkodiert und dann die 1. Klasse, so
würde der Wert 3 in der 2. Klasse liegen.
Alternativ können wir die 2. Klasse aber auch wie folgt festlegen „Bereich: 4
bis 6". Und die 3. Klasse als „Bereich, Wert bis GRÖSSTER: 7".
Abschließend sollten die Klassengrenzen in der Wertebeschriftung doku-
mentiert werden. Dazu gehen wir wie folgt vor:

1) „Variablenansicht" anklicken.

2) In der Zelle „Werte" der Zeile der Variablen Mord_klassiert auf das
   hellblaue Fenster klicken.

3) Wertebeschriftung
   Wert=1

Beschriftung = bis 3
Hinzufügen

4) Wert = 2
Beschriftung = 4, 5 oder 6
Hinzufügen

5) Wert = 3
Beschriftung = mindestens 7
Hinzufügen

6) ok

2. Möglichkeit:
Die Variable „Mord_klassiert" soll in drei etwa gleich stark besetzte Klassen aufgeteilt werden, d.h. in jeder Klasse sollen etwa 33% aller Werte liegen.

1) Öffnen Sie die Datei *Kriminalitaet.sav.*

2) Transformieren → Rangfolge bilden ...

3) Variable(n): = Mord

4) „Rangtypen ..." anklicken.
Den voreingestellten Haken bei „Rang" entfernen.
N-Perzentile: 3
Weiter

5) ok

In der Datenansicht gibt es jetzt eine neue Spalte „NMord" (Percentile Group of Mord) mit den Klassennummern für jeden Fall. Die Klassengrenzen müssen selber nachträglich herausgesucht werden. Die erste Klassenobergrenze ist 3 und die zweite Klassenobergrenze ist 6. In der ersten Klasse liegen 39,2 % aller Fälle, in der zweiten 29,4 % und in der dritten Klasse 31,4 % aller Fälle.

4 Assoziationsmaße

Hauptaufgabe: Es soll ein Richtungszusammenhang zwischen zwei Variablen gemessen werden.

4.1 Korrelationskoeffizient von Bravais-Pearson

Die beiden Variablen dürfen wie folgt skaliert sein:

nominal: nein
ordinal: nein
metrisch: ja

Der **Korrelationskoeffizient von Bravais-Pearson** r misst die Stärke eines linearen Zusammenhangs in einem bivariaten Datensatz zweier metrisch skalierter Variablen. Die Werte von r liegen im Intervall $[-1; +1]$:

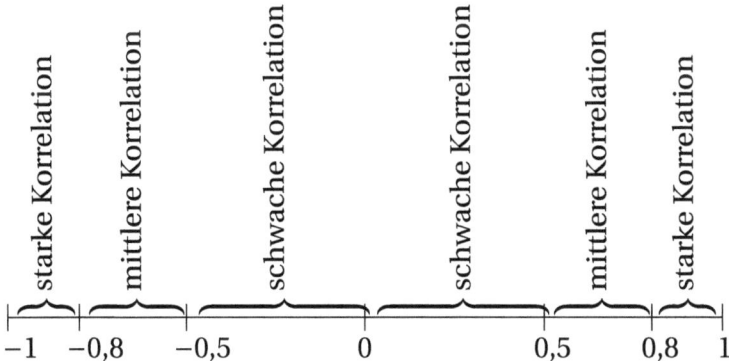

Beispiel 4.1 (*Miles_Per_Gallon.sav* aus Berenson et al.[2015] p. 671)
Wir wollen untersuchen, ob es einen linearen Zusammenhang gibt zwischen dem Verbrauch (gemessen in gefahrenen Meilen pro Gallone Kraft-

stoff) und dem Leergewicht eines Autos. Die Korrelation zwischen dem Verbrauch und dem Leergewicht beträgt $-0{,}825$, d.h. es liegt eine starke negative Korrelation vor. Je schwerer das Auto ist, desto weniger Meilen kann es mit einer Gallone Kraftstoff zurücklegen.
(Der komplette Datensatz steht im Beispiel 8.1).

Mit der nachfolgenden Aufgabe 4.2 wird das Verständnis für Korrelationen vertieft:

Beispiel 4.2 (Guessing Correlations)
Rufen Sie im Internet die folgende Adresse auf: *http://istics.net/Correlations/*
Finden Sie für jedes Streudiagramm die zugehörige Korrelation.

Der Korrelationskoeffizient $r(X, Y)$ von Bravais-Pearson darf nicht als Maßzahl herangezogen werden, sobald eine der beiden Variablen X, Y nicht metrisch skaliert ist. Im Folgenden werden wir weitere Assoziationsmaße kennenlernen.

4.2 Rangkorrelation

Die beiden Variablen dürfen wie folgt skaliert sein:

nominal: ja, aber nur dichotome Variablen
ordinal: ja
metrisch: ja

Der Korrelationskoeffizient r von Bravais-Pearson darf nur berechnet werden, falls beide Variablen metrisch skaliert sind.
Soll mit Hilfe der Rangkorrelation ein Richtungszusammenhang zwischen zwei Variablen berechnet werden, so sind zunächst für beide Stichproben $(x_1; y_1), \ldots, (x_n; y_n)$ getrennt die Ränge $R(x_1), \ldots R(x_n)$ und $R(y_1), \ldots, R(y_n)$ zu berechnen.
Die Rangkorrelation ρ nach Spearman ist dann der Korrelationskoeffizient von Bravais-Pearson für die Ränge $\big(R(x_1), R(y_1)\big), \ldots, \big(R(x_n), R(y_n)\big)$.
Liegen in einem Datensatz gleiche Beobachtungswerte vor, so werden diese in der Statistik als **Bindungen** bezeichnet. Um Ränge von Bindungen berechnen zu können, muss vorher vereinbart werden, wie dies geschehen soll. SPSS berechnet im Fall von Bindungen die sogenannten **mittle-**

ren Ränge; d.h. es wird das arithmetische Mittel derjenigen Ränge gebildet, die auf diese Bindungen entfallen würden, falls die Stichprobenwerte nicht gleich, sondern leicht unterschiedlich wären.

Beispiel 4.3

So hat z.B. der Datensatz $x_1, \ldots, x_{10}$ = 20,1; 18,2; 15,3; 16,3; 17,8; 21,5; 16,3; 12,4; 18,1; 19,2 eine Bindung der Länge zwei, da der Wert 16,3 zweimal auftaucht. Auf die beiden Werte 16,3 würden bei leichter Unterschiedlichkeit die Ränge 3 und 4 entfallen. Das arithmetische Mittel von 3 und 4 beträgt $\frac{3+4}{2} = 3,5$, also beträgt der mittlere Rang 3,5. Insgesamt beträgt der Rang der Stichprobe: 9; 7; 2; 3,5; 5; 10; 3,5; 1; 6; 8.

Bezeichnen $R(X_i)$ den Rang von X_i und $R(Y_i)$ den Rang von Y_i, so wird der Bravais-Pearson-Korrelationkoeffizent der Rangwerte als **Rangkorrelationskoeffizient nach Spearman** ρ (*lies: Rho*) bezeichnet:

$$
\begin{aligned}
\rho &= \frac{\sum (R(x_i) - \overline{R}(x_i))(R(y_i - \overline{R}(y_i)))}{\sqrt{\sum (R(x_i) - \overline{R}(x_i))^2} \cdot \sqrt{\sum (R(y_i) - \overline{R}(y_i))^2}} \\[2ex]
&= \frac{\sum R(x_i) \cdot R(y_i) - \frac{n}{4}(n+1)^2}{\sqrt{\sum R(x_i)^2 - \frac{n}{4}(n+1)^2} \cdot \sqrt{\sum R(y_i)^2 - \frac{n}{4}(n+1)^2}}
\end{aligned}
$$

Der Rangkorrelationskoeffizient ρ liegt immer im Intervall $[-1; +1]$. Werte von ρ nahe $+1$ erhalten wir, wenn sowohl niedrige Ränge von x-Werten einhergehen mit niedrigen Rängen von y-Werten, als auch hohe Ränge von x-Werten einhergehen mit hohem Rängen von y-Werten; d.h. wenn sich die Ränge von x und von y gleichsinnig verhalten.

Werte von ρ nahe -1 erhalten wir hingegen, wenn sowohl niedrige Ränge von x-Werten einhergehen mit hohen Rängen von y-Werten, als auch hohe Ränge von x-Werten einhergehen mit niedrigen Rängen von y-Werten; d.h. wenn sich die Ränge von x und von y gegensinnig verhalten.

Beispiel 4.4 (*Umsatz_Zufried.sav*)

Ein Händler hat zehn Kunden, die seine Ware vertreiben. Bei einer Kundenumfrage wurde der Umsatz X (in GE) eines jeden Kunden und die Zufriedenheit Y (1=unzufrieden, 2=zufrieden, 3=sehr zufrieden) mit der Betreuung durch den Händler erfragt. Es ergaben sich folgende Daten:

X	20,1	18,2	15,3	16,3	17,8	21,5	16,3	12,4	18,1	19,2
Y	3	3	1	1	2	3	2	1	2	2

Der Händler vermutet, dass die Höhe des Umsatzes die Zufriedenheit beeinflusst. Der Umsatz X ist eine metrisch skalierte Variable, der Grad der Zufriedenheit Y ist ordinal skaliert. Die Korrelation r nach Bravais-Pearson lässt sich nicht berechnen, da Y eine ordinal-skalierte Variable ist. Es wird deshalb der Rangkorrelationskoeffizient von Spearman ρ herangezogen. Um ρ zu berechnen, legen wir eine Arbeitstabelle an:

i	$R(x_i)$	$R(y_i)$	$R(x_i) \cdot R(y_i)$	$R(x_i)^2$	$R(y_i)^2$
	9	9	81	81	81
	7	9	63	49	81
	2	2	4	4	4
	3,5	2	7	12,25	4
	5	5,5	27,5	25	30,25
	10	9	90	100	81
	3,5	5,5	19,25	12,25	30,25
	1	2	2	1	4
	6	5,5	33	36	30,25
	8	5,5	44	64	30,25
Σ			370,75	384,5	376

Ferner ist: $\frac{n}{4}(n+1)^2 = \frac{10}{4} \cdot 11^2 = 302,5$

Somit haben wir:

$$\rho = \frac{370,75 - 302,5}{\sqrt{384,5 - 302,5} \cdot \sqrt{376 - 302,5}} = \frac{68,25}{\sqrt{82} \cdot \sqrt{73,5}} = 0,8791279$$

d.h. es liegt ein starker gleichsinniger Zusammenhang vor zwischen Umsatzhöhe und Zufriedenheit; d.h. je größer der Umsatz, desto zufriedener war der Kunde mit der Betreuung durch den Händler.

Anmerkung: Hätten wir im Beispiel 4.4 die Polung der Variablen Y=Zufriedenheit genau umgekehrt gewählt, also 1=sehr zufrieden, 2=zufrieden, 3=unzufrieden, so wäre ein negativer Wert für ρ herausgekommen: $\rho = -0,8791279$; d.h. je größer der Umsatz desto kleiner die Kategorie der Zufriedenheit; d.h. je größer der Umsatz, desto zufriedener war der Kunde mit der Betreuung durch den Händler.

Um den Wert von ρ richtig zu interpretieren, ist es sehr hilfreich, sich neben dem Wert von ρ auch die zugehörige Kontingenz-/Kreuztabelle von SPSS ausgeben zu lassen. Gilt $\rho > 0$, so gehen die Zellen von links oben nach rechts unten miteinander her:

Um-satz	Zufriedenheit		
	unzufrieden	...	sehr zufrieden
niedrig	□		
⋮		□	
hoch			□

$$\rho = +0{,}879$$

Gilt $\rho < 0$, so gehen die Zellen von rechts oben nach links unten miteinander her:

Um-satz	Zufriedenheit		
	sehr zufrieden	...	unzufrieden
niedrig			□
⋮		□	
hoch	□		

$$\rho = -0{,}879$$

⚠ Dies ist kein Widerspruch zur Interpretation von r (steigende Gerade ⇔ $r > 0$, fallende Gerade ⇔ $r < 0$), da bei der Interpretation von ρ (τ_b und γ) das Koordinatensystem über die x-Achse nach unten geklappt ist. Oder anders ausgedrückt: Sind ρ bzw. τ_b bzw. γ größer als null, so gehen sowohl niedrige Werte/Kategorien von X einher mit niedrigen Werten/Kategorien von Y als auch hohe Werte/Kategorien von X einher mit hohen Werten/Kategorien von Y. Gilt hingegen ρ bzw. τ_b bzw. γ kleiner als null, so gehen sowohl niedrige Werte/Kategorien von X einher mit hohen Werten/Kategorien von Y als auch hohe Werte/Kategorien von X einher mit niedrigen Werten/Kategorien von Y.

Die Rangkorrelation ρ zwischen einer dichotomen und einer ordinal skalierten Variablen wird in der Psychologie auch als **biseriale Rangkorrelati-**

on bezeichnet. Für diesen Spezialfall ergibt sich mit X als dichotome Variable ($X = 1$, $X = 2$) und Y als ordinale Variable für ρ auch die folgende Berechnungsformel:

$$\rho = \frac{\frac{1}{12}\left(n^3 - n + 3n_1 n_2 n - C\right) - \sum_{i=1}^{n} d_i^2}{\sqrt{\frac{1}{12} n_1 n_2 n \left(n^3 - n - C\right)}}$$

wobei n den Stichprobenumfang bezeichnet, n_1 die Anzahl der Fälle mit $X = 1$, n_2 die Anzahl der Fälle mit $X = 2$, d_i die Differenz der Ränge Rang(X_i) minus Rang(Y_i) und $C = \sum_{i=1}^{b}(t_i^3 - t)$ mit $t_1, t_2, \ldots, t_b$ Bindungsvektor der Werte von Y, wobei t_i die Länge der jeweiligen Bindungen bezeichnet.

Beispiel 4.5

Zehn Personen wurde befragt, wie hoch ihr Grad der Wichtigkeit für eine Sache ist.

$X =$	Geschlecht	1=w, 2=m
$Y =$	Grad der Wichtigkeit	1=sehr wichtig
		2=wichtig
		3=unwichtig
		4=völlig unwichtig

Es ergaben sich die folgenden Daten:

x_i	1	2	1	1	2	1	2	2	1	1
y_i	4	4	2	1	3	3	3	2	1	2

Hieraus ergibt sich die folgende Rangkorrelation: $\rho = 0{,}403$; d.h. Frauen ist es eher wichtig, Männern ist es eher unwichtig.

Wir werden jetzt ρ noch einmal über die obige Spezial-Formel berechnen. Die Anzahl der Frauen beträgt $n_1 = 6$, die Anzahl der Männer $n_2 = 4$.

y_i	x_i	$\mathrm{Rang}(y_i)$	$\mathrm{Rang}(x_i)$	d_i	d_i^2
4	1	9,5	3,5	6	36
4	2	9,5	8,5	1	1
2	1	4	3,5	0,5	0,25
1	1	1,5	3,5	−2	4
3	2	7	8,5	−1,5	2,25
3	1	7	3,5	3,5	12,25
3	2	7	8,5	−1,5	2,25
2	2	4	8,5	−4,5	20,25
1	1	1,5	3,5	−2	4
2	1	4	3,5	0,5	0,25
Σ					82,25

Der Bindungsvektor der Werte von Y beträgt $(t_1, t_2, t_3, t_4) = (2,3,3,2)$. (Zweimal sehr wichtig, dreimal wichtig, dreimal unwichtig, zweimal völlig unwichtig). Somit ergibt sich für C:

$$C = (2^3 - 2) + (3^3 - 3) + (3^3 - 3) + (2^3 - 2) = 6 + 24 + 24 + 6 = 60$$

Für ρ haben wir dann:

$$\rho = \frac{\frac{1}{12}\left(10^3 - 10 + 3\cdot 6 \cdot 4 \cdot 10 - 60\right) - 82,50}{\sqrt{\frac{1}{12}\cdot 6 \cdot 4 \cdot 10 \cdot (10^3 - 10 - 60)}}$$

$$= \frac{137,5 - 82,50}{\sqrt{18\,600}}$$

$$= \frac{55}{136,3818}$$

$$= 0,403$$

Mit dieser Spezial-Formel ergibt sich ebenfalls 0,403 als Wert für ρ.

Anmerkung: Der Rangkorrelationskoeffizient ρ gibt anhand eines Datensatzes an, wie stark oder schwach der Zusammenhang zwischen zwei Variablen X, Y ist, jedoch kann ρ nichts aussagen darüber, ob die x-Werte von Y abhängen, oder umgekehrt die y-Werte von X abhängen. Welche Variable von welcher Variable abhängt ist einzig und allein die Entscheidung/Interpretation der Statistikerin/des Statistikers.

Liegen zwei dichotome Variablen X, Y vor, so sind der Spearman Rangkorrelationskoeffizient und der sogenannte **Phi-Koeffizient** Φ identisch:

$$\rho(X, Y) = \Phi(X, Y)$$

4.3 Kendall-Tau-b

Die beiden Variablen dürfen wie folgt skaliert sein:

nominal: ja, aber nur dichotome Variablen
ordinal: ja
metrisch: ja

Wir möchten den Richtungszusammenhang zwischen zwei Variablen messen.

Beispiel 4.6 (*Einkommen_Job_Zufried.sav* aus Agresti [1990] p. 21)
X = Einkommensklasse (in US\$) (ordinal skaliert)
Y = Job-Zufriedenheit (ordinal skaliert)
Wir möchten die Frage beantworten, ob die Höhe des Einkommens die Zufriedenheit mit dem Job beeinflusst.
Eine Befragung von 901 Personen ergab folgende Daten:

	Job-Zufriedenheit			
Einkommen	sehr unzu- frieden	unzu- frieden	zu- frieden	sehr zu- frieden
< 6000	20	24	80	82
6000 – 15000	22	38	104	125
15000 – 25000	13	28	81	113
> 25000	7	18	54	92

Die vier Stufen der Einkommensklassen und die vier Stufen der Job-Zufriedenheit sind:

Einkommen			Job-Zufriedenheit	
Klasse	Stufe		Grad	Stufe
$< 6\,000$	1		sehr unzufrieden	1
$6\,000 - 15\,000$	2		unzufrieden	2
$15\,000 - 25\,000$	3		zufrieden	3
$> 25\,000$	4		sehr zufrieden	4

Die Variable „Einkommen (in US\$)" ist metrisch skaliert, die Variable „Einkommensklasse" ist hingegen ordinal skaliert.

Zum Beispiel besagt das Tupel $(x_a; y_a) = (2; 1)$, dass die betreffende Person ein Einkommen zwischen 6 000 und 15 000 US\$ hat und mit dem Job unzufrieden ist.

Um einen eventuellen Richtungszusammenhang, hohes Einkommen geht mit hoher Job-Zufriedenheit einher, aufzudecken, betrachten wir die Konkordanz und die Diskordanz. Zwei Beobachtungspaare (x_a, y_a) und (x_b, y_b) heißen **konkordant**, falls gilt:

$$(x_a - x_b) \cdot (y_a - y_b) > 0$$

d.h. liegt das Einkommen der zweiten Person b in einer höheren Einkommensklasse, so weist die zweite Person auch einen höheren Grad der Zufriedenheit im Vergleich zur ersten Person a auf.

Zwei Beobachtungspaare (x_a, y_a) und (x_b, y_b) heißen **diskordant**, falls gilt:

$$(x_a - x_b) \cdot (y_a - y_b) < 0$$

d.h. liegt das Einkommen der zweiten Person b in einer höheren Einkommensklasse, so weist die zweite Person einen geringeren Grad der Zufriedenheit im Vergleich zur ersten Person a auf.

Für den Fall $(x_a - x_b) \cdot (y_a - y_b) = 0$ liegt keine spezielle Bezeichnungsweise vor.

Im obigen Datensatz beträgt die Anzahl C der konkordanten Paare:

$$
\begin{aligned}
C \;=\;& 20(38+104+125+28+81+113+18+54+92) \\
&+24(104+125+81+113+54+92) \\
&+80(125+113+92) \\
&+22(28+81+113+18+54+92) \\
&+38(81+113+54+92) \\
&+104(113+92) \\
&+13(18+54+92) \\
&+28(54+92) \\
&+81 \cdot 92 \\
=\;& 109\,520
\end{aligned}
$$

Die Anzahl D der diskordanten Paare beträgt:

$$
\begin{aligned}
D \;=\;& 24(22+13+7) \\
&+80(22+38+13+28+7+18) \\
&+82(22+38+104+13+28+81+7+18+54) \\
&+38(13+7) \\
&+104(13+28+7+18) \\
&+125(13+28+81+7+18+54) \\
&+28 \cdot 7 \\
&+81(7+18) \\
&+113(7+18+54) \\
=\;& 84\,915
\end{aligned}
$$

insb. überwiegen die konkordanten Paare. Die Differenz $\tau = C - D$ (*lies: tau*) wird als **Kendall-Tau** bezeichnet. Die Werte von Kendall-Tau liegen im Intervall $(-\infty; +\infty)$.
Wir erhalten einen positiven Wert für $\tau = 109\,520 - 84\,915 = 24\,605$
d.h. geringes Einkommen geht einher mit Job-Unzufriedenheit und hohes Einkommen geht einher mit Job-Zufriedenheit.

Ist τ positiv, so besteht ein positiver Zusammenhang zwischen den beiden Variablen. Ist τ negativ, so besteht ein negativer Zusammenhang. Die Maßzahl sagt jedoch nichts über die Stärke des Zusammenhangs aus.

In der Untersuchung über Einkommenshöhe und Job-Zufriedenheit gilt für die Einkommenshöhe:

X	$< 6\,000$	$6\,000 - 15\,000$	$15\,000 - 25\,000$	$> 25\,000$
n_i^X	206	289	235	171

In der Untersuchung über Einkommenshöhe und Job-Zufriedenheit gilt für die Job-Zufriedenheit:

Y	sehr unzufr.	unzufr.	zufr.	sehr zufr.
n_j^Y	62	108	319	412

Um die Stärke des Zusammenhangs beurteilen zu können, müssen wir die Maßzahl τ normieren. Dazu benötigen wir folgende Größen:

$$T_X = \sum_i n_i^X (n_i^X - 1)/2$$

$$= \frac{1}{2}(206 \cdot 205 + 289 \cdot 288 + 235 \cdot 234 + 171 \cdot 170)$$

$$= 104\,761$$

$$T_Y = \sum_j n_j^Y (n_j^Y - 1)/2 = \frac{1}{2} \cdot 286\,112 = 143\,056$$

Wir normieren die Maßzahl $\tau = C - D$ wie folgt:

$$\tau_b = \frac{C - D}{\sqrt{(\frac{n}{2}(n-1) - T_X)(\frac{n}{2}(n-1) - T_Y)}}$$

Diese Maßzahl wird als **Kendall-Tau-*b*** bezeichnet. Die Werte von Kendall-Tau-*b* liegen im Intervall $[-1; +1]$. Je stärker der Zusammenhang, desto näher liegt τ_b an -1 bzw. an $+1$.

Für unser Beispiel erhalten wir folgenden Wert:

$$\tau_b = \frac{109\,520 - 84\,915}{\sqrt{(405\,450 - 104\,761)(405\,450 - 143\,056)}} = 0{,}08759668054$$

d.h. $\tau_b \approx 0{,}088$; d.h. es gibt einen schwachen Richtungszusammenhang zwischen den Variablen.

Der Rangkorrelationskoeffizient ρ nach Spearman ist ebenfalls eine geeignete Maßzahl für den Zusammenhang. Er ist etwas größer und beträgt: $\rho = 0{,}102$; d.h. es liegt eine schwache Korrelation vor. D.h. die Höhe des Einkommens beeinflusst die Zufriedenheit mit einem Job kaum.

Anmerkung: Hätten wir in dem Beispiel 4.6 die Polung der Variablen $Y =$ Job_Zufriedenheit genau umgekehrt gewählt, also 1=sehr zufrieden, 2=zufrieden, 3=unzufrieden:

	Job-Zufriedenheit			
Einkommen	sehr zu-frieden	zu-frieden	unzu-frieden	sehr unzu-frieden
$< 6\,000$	82	80	24	20
$6\,000 - 15\,000$	125	104	38	22
$15\,000 - 25\,000$	113	81	28	13
$> 25\,000$	92	54	18	7

so wäre ein negativer Wert herausgekommen für $\tau_b = -0{,}08759668054$. Das negative Vorzeichen besagt, dass ein Zusammenhang besteht von rechts oben in der Kontingenztabelle nach links unten in der Kontingenztabelle; d.h. geringe Einkommen gehen einher mit geringer Zufriedenheit und hohe Einkommen gehen einher mit hoher Zufriedenheit.

Nur für quadratische Kreuztabellen liegen die Werte von Kendall-Tau-b im abgeschlossenen Intervall $[-1; +1]$, für alle nicht quadratischen Kreuztabellen liegen die Werte von Kendall-Tau-b lediglich im offenen Intervall $(-1; +1)$. Um diesen Unterschied auszugleichen, wurde eine weitere Normierung von Kendall-tau vorgenommen und diese Maßzahl als **Kendall-Tau-c** bezeichnet:

$$\tau_c = (C - D) \cdot \frac{2m}{n^2(m-1)} = 24\,605 \cdot \frac{2 \cdot 4}{901^2 \cdot 3} = 0{,}080\,824\,4$$

wobei m die Anzahl der Zeilen oder Spalten ist, je nachdem welche Anzahl geringer ist. Und n bezeichnet den Stichprobenumfang. Für alle Kreuztabellen liegen die Werte von Kendall-Tau-c im abgeschlossenen Intervall $[-1; +1]$. Der Nachteil der Maßzahl Kendall-Tau-c ist, dass τ_c abhängt von der Dimension der Kreuztabelle.

Das nachfolgende Beispiel zeigt, wie Kendall-Tau-c von den Dimensionen der Kreuztabelle abhängt.

Beispiel 4.7

Für die Variable X = „Anzahl der Kinder in einer Familie" sowie für die Variable Y = „Bevölkerungsdichte am Wohnort der Familie" mit den Stufen $Y = 1, 2, 3, 4$ ist eine Stichprobe vom Umfang $n = 12$ in folgender Kreuztabelle festgehalten:

		Y		
X	1	2	3	4
1	2	2	1	1
3	1	1	2	2

Für diese 2×4-Kreuztabelle betragen die Zusammenhangsmaße:

$$\tau_b = \frac{12}{\sqrt{36 \cdot 54}} = 0{,}272\,165\,5$$

$$\tau_c = 12 \cdot \frac{2 \cdot 2}{12^2 \cdot 1} = \frac{1}{3} = 0{,}\overline{3}$$

Wird der obige Datensatz hingegen wie folgt dargestellt:

		Y		
X	1	2	3	4
1	2	2	1	1
2	0	0	0	0
3	1	1	2	2

So betragen für diese 3×4-Kreuztabelle die Zusammenhangsmaße:

$$\tau_b = \frac{12}{\sqrt{36 \cdot 54}} = 0{,}272\,165\,5$$

$$\tau_c = 12 \cdot \frac{2 \cdot 3}{12^2 \cdot 2} = \frac{1}{4} = 0{,}25$$

d.h. für die beiden Darstellungen des Datensatzes sind die Werte von τ_b identisch und die Werte von τ_c unterschiedlich.

Kendall-Tau-c ist als Zusammenhangsmaß unter Statistikern (w, m) umstritten.

4.4 Gamma Koeffizient

Die beiden Variablen dürfen wie folgt skaliert sein:

nominal:	ja, aber nur dichotome Variablen
ordinal:	ja
metrisch:	ja

Eine sensitivere Maßzahl (vgl. Agresti[2002] p. 68) als Kendall-tau-b für einen Richtungszusammenhang ist **Gamma**:

$$\gamma = \frac{C - D}{C + D} \in [-1; +1]$$

Wir betrachten dazu noch einmal das Beispiel 4.6.

Beispiel 4.8 (*Einkommen_Job_Zufried.sav* aus Agresti [1990] p. 21)
X = Einkommenklassen (in US$) (ordinal skaliert)
Y = Job-Zufriedenheit (ordinal skaliert)
Wir möchten die Frage beantworten, ob die Höhe des Einkommens die Zufriedenheit mit dem Job beeinflusst.
Eine Befragung von 901 Personen ergab folgende Daten:

Einkommen	Job-Zufriedenheit			
	sehr unzu-frieden	unzu-frieden	zu-frieden	sehr zu-frieden
< 6 000	20	24	80	82
6 000 − 15 000	22	38	104	125
15 000 − 25 000	13	28	81	113
> 25 000	7	18	54	92

Die Anzahl der konkordanten Paare beträgt $C = 109\,520$. Die Anzahl der diskordanten Paare beträgt $D = 84\,915$. Somit ergibt sich für Gamma der folgende Wert:

$$\gamma = \frac{109\,520 - 84\,915}{109\,520 + 84\,915} = 0{,}126546 \approx 0{,}127$$

d.h. es gibt einen schwachen positiven Richtungszusammenhang: je höher das Einkommen desto höher der Grad der Zufriedenheit.

Eine umgekehrte Ordnung der Kategorien einer Variablen bewirkt (wie bei τ_b und ρ) einen Vorzeichenwechsel von Gamma.

4.5 Kontingenzkoeffizient

Bis jetzt haben wir noch kein Assoziationsmaß kennengelernt für den Fall, dass eine oder sogar beide Variablen nominal skaliert sind mit drei oder mehr Kategorien.

Mit dem Kontingenzkoeffizienten C erhalten wir ein solches Maß, jedoch mit dem Nachteil, dass C keine Richtung eines Zusammenhangs angeben kann.

Der Kontingenzkoeffizient erlaubt alle drei Skalierungsmöglichkeiten von Variablen:

nominal: ja
ordinal: ja
metrisch: ja

Als Maß für die Stärke des Zusammenhangs zwischen den beiden Daten-sätzen eines bivariaten Datensatzes vom Umfang n, kann der **Kontingenz-koeffizient** C herangezogen werden:

$$C = \left(\frac{\chi^2}{\chi^2 + n} \right)^{0,5} \in [0; 1)$$

Dabei ist χ^2 die bekannte Teststatistik des Chi-Quadrat-Unabhängigkeits-tests:

$$\chi^2 = \sum_{i=1}^{I} \sum_{j=1}^{J} \frac{\left(n_{ij} - \frac{n_{i.} \cdot n_{.j}}{n} \right)^2}{\frac{n_{i.} \cdot n_{.j}}{n}}$$

Sind die x-Werte und y-Werte zusammenhangslos, so sind sowohl der Wert von χ^2 als auch der Wert von C klein; d.h. nahe null. Werte von C nahe eins sprechen für einen Zusammenhang der x-Werte mit den y-Werten. Den

Wert eins erreicht C jedoch nicht.

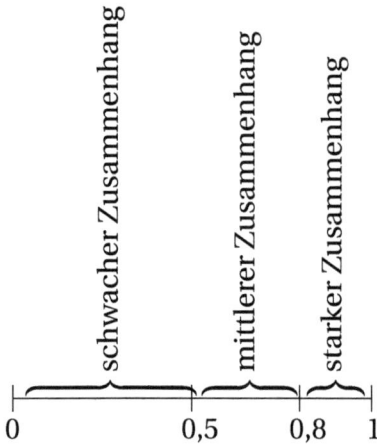

Beispiel 4.9 (*customer_base.sav* Tutorial von SPSS)
Gibt es einen Zusammenhang zwischen der Berufsgruppe (Managerial and Professional, Sales and Office, Service, Agriculture and Natural Resources, Precision Production, Fabrication) und der Zufriedenheit mit dem ausgeübten Beruf?

Job	Job Satisfaction					Total
cate-gory	Highly dissatisfied	Somewhat dissatisfied	Neutral	Somewhat satisfied	Highly satisfied	
Managerial and Professional	245	332	319	274	209	1379
Sales and Office	472	378	347	262	171	1630
Service	85	114	143	142	144	628
Agricultural and Natural Resources	30	38	48	52	50	218
Precision Produc-, tion, Craft, Repair	55	65	86	119	121	446
Operation, Fabrica-, tion, General Labor	80	114	149	165	191	699
Total	967	1041	1092	1014	886	5000

Der empirische Wert der Chi-Quadrat-Teststatistik ist:

$$\chi^2 = \frac{\left(245 - \frac{1379 \cdot 967}{5000}\right)^2}{\frac{1379 \cdot 967}{5000}} + \ldots + \frac{\left(191 - \frac{699 \cdot 886}{5000}\right)^2}{\frac{699 \cdot 886}{5000}} = 315{,}982$$

Der Kontingenzkoeffizient beträgt:

$$C = \left(\frac{315{,}982}{315{,}982 + 5\,000} \right)^{0{,}5} = 0{,}43803 \approx 0{,}244$$

d.h. es liegt so gut wie kein Zusammenhang zwischen der Berufsgruppe und der Job-Zufriedenheit vor.

Aus dem empirischen Wert χ^2 der Teststatistik des Unabhängigkeitstests von Pearson lässt sich neben dem Kontingenzkoeffizienten ein weiteres Assoziationsmaß herleiten, **Cramérs** $V = \left(\frac{\chi^2}{n(k-1)} \right)^{0{,}5} \in [0; 1]$, wobei $k = \min\{I, J\}$ bezeichnet.

4.6 Zusammenfassung

Zusammengefasst stehen die folgenden Maße für die Messung eines Zusammenhangs zwischen den x- und den y-Werten des bivariaten Datensatzes $(x_1, y_1), (x_2, y_2), \ldots, (x_n, y_n)$ zur Verfügung:

Maß	Skalierung von X und Y	Richtung
r von Pearson	metrisch	ja
τ_b von Kendall	dichotom, ordinal, metrisch	ja
ρ von Spearman	dichotom, ordinal, metrisch	ja
γ Gamma	dichotom, ordinal, metrisch	ja
C Kontingenzkoeffizient	nominal, ordinal, metrisch	nein

Mit Ausnahme des Kontingenzkoeffizienten gibt bei allen anderen Maßzahlen das Vorzeichen die Richtung (positiv oder negativ) des Zusammenhangs an.

Liegt ein multivariater Datensatz vor, so lässt sich eine dritte Variable in SPSS als Schicht eingeben.

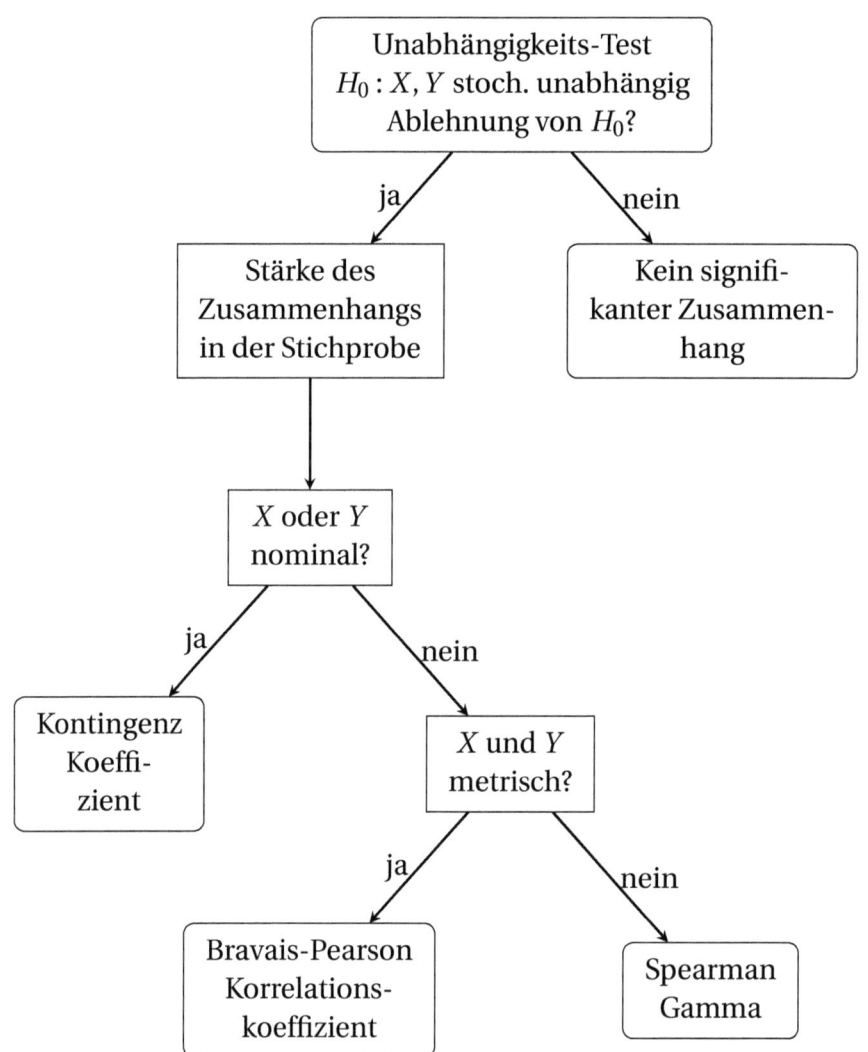

4.7 SPSS Befehle

4.7.1 Umkodieren von Daten

Wir möchten den Grad der Zufriedenheit in Beispiel 4.4 umpolen:

1) Transformieren → Umkodieren in andere Variablen …

2) Eingabevariable / Numerische Var. = Job_Satisf
   Ausgabevariable = Job_Satisf_reverse
   Ändern

3) Alte und neue Werte …
   Alter Wert = 4   Neuer Wert = 1   Hinzufügen
   Alter Wert = 3   Neuer Wert = 2   Hinzufügen
   Alter Wert = 2   Neuer Wert = 3   Hinzufügen
   Alter Wert = 1   Neuer Wert = 4   Hinzufügen
   Weiter

4) Ok

Die Werte der neuen Variablen Satisf_reverse stehen in der letzten Spalte der Datenansicht.

4.7.2 Korrelationskoeffizient von Bravais-Pearson

Wir berechnen die Korrelation zwischen Reichweite und Leergewicht aus Beispiel 4.1:

1) Analysieren → Korrelation → Bivariat …

2) Variablen = MPG und weight
   Korrelationskoeffizienten = Pearson

3) Klicken Sie auf „ok".

Der Korrelationskoeffizient zwischen Verbrauch und Leergewicht beträgt $-0,825$.

4.7.3 Spearman-Rho

Wir berechnen die Rangkorrelation zwischen Umsatz und Grad der Zufriedenheit aus Beispiel 4.4:

Eingabe

Die Daten werden wie folgt eingegeben:

	Umsatz	Zufried
1	20,10	3,00
2	18,20	3,00
3	15,30	1,00
4	16,30	1,00
5	17,80	2,00
6	21,50	3,00
7	16,30	2,00
8	12,40	1,00
9	18,10	2,00
10	19,20	2,00

Befehle

1. Möglichkeit

1) Öffnen Sie das Beispiel „Umsatz_Zufried.sav "

2) Analysieren → Deskriptive Statistiken → Kreuztabellen

3) Zeile(n) =„Umsatz"
   Spalten=„Zufriedenheit"

4) Klicken Sie auf „Statistiken…" und machen Sie einen Haken bei „Korrelationen". Dann auf „Weiter".

5) Zur Auswertung klicken Sie auf „OK".

Gemäß diesen Eingaben wird eine Kreuztabelle erzeugt, die hilfreich ist bei der Interpretation des Vorzeichens von Spearman-Rho, und eine weitere Tabelle „Symmetrische Maße" mit dem Wert von $\rho = 0{,}879$ in der zweiten Zeile (Ordinal- bzgl. Ordinalmaß) unter der Spalte „Wert".

Ausgabe

Symmetrische Maße

		Wert	Asymptoti-scher Standard-fehler[a]	Näherungs-weises t[b]	Näherungs-weise Signifikanz
Intervall- bzgl. Intervallmaß	Pearson-R	,831	,063	4,218	,003[c]
Ordinal bzgl. Ordinalmaß	Korrelation nach Spearman	,879	,066	5,217	,001[c]
Anzahl der gültigen Fälle		10			

a Die Null-Hypothese wird nicht angenommen.
b Unter Annahme der Null-Hypothese wird der asymptotische Standardfehler verwendet.
c Basierend auf normaler Näherung

2. Möglichkeit

1) Öffnen Sie das Beispiel „Umsatz_Zufried.sav "

2) Analysieren → Korrelation → Bivariat

3) Variablen =   „Umsatz"
       „Zufriedenheit"
   Unter „Korrelationskoeffizienten" lediglich einen Haken setzen bei „Spearman".

4) Zur Auswertung klicken Sie auf „OK".
   Der Rangkorrelationskoeffizient mit dem Wert 0,879 steht in der SPSS-Ausgabe-Tabelle „Korrelationen" in der Zeile „Spearman-Rho".

Ausgabe

Korrelationen

			Umsatz	Zufried
Spearman-Rho	Umsatz	Korrelationskoeffizient	1,000	,879**
		Sig. (2-seitig)	.	,001
		N	10	10
	Zufried	Korrelationskoeffizient	,879**	1,000
		Sig. (2-seitig)	,001	.
		N	10	10

** Die Korrelation ist auf dem 0,01 Niveau signifikant (zweiseitig).

4.7.4 Kendall-Tau-*b*

Wir berechnen Kendall-Tau-*b* zwischen Einkommen und Job-Zufriedenheit aus Beispiel 4.6:

Eingabe

Nr	Einkommen	Job-Zufr.	
1	1	1	
⋮	⋮	⋮	20 Personen
20	1	1	
21	1	2	
⋮	⋮	⋮	24 Personen
44	1	2	
45	1	3	
⋮	⋮	⋮	80 Personen
124	1	3	
125	1	4	
⋮	⋮	⋮	82 Personen
206	1	4	
⋮	⋮	⋮	
⋮	⋮	⋮	
⋮	⋮	⋮	
731	4	1	
⋮	⋮	⋮	7 Personen
737	4	1	
738	4	2	
⋮	⋮	⋮	18 Personen
755	4	2	
756	4	3	
⋮	⋮	⋮	54 Personen
809	4	3	
810	4	4	
⋮	⋮	⋮	92 Personen
901	4	4	

Wir haben sowohl das Einkommen als auch die Job-Zufriedenheit für die Eingabe schon in vier Stufen 1,2,3,4 eingeteilt:

Befehle
1. Möglichkeit:

1) Öffnen Sie das Beispiel Einkommen_Job_Zufried.sav

2) Analysieren → Deskriptive Statistiken → Kreuztabellen

3) Zeile(n) = „Einkommen"
   Spalten = „Job-Zufriedenheit"

4) Klicken Sie auf „Statistiken ..." und machen Sie einen Haken bei „Kendall-Tau-b". Dann auf „Weiter".

5) Zur Auswertung klicken Sie auf „OK".
   Kendall-Tau-*b* mit dem Wert 0,088 steht in der SPSS-Ausgabe-Tabelle „Symmetrische Maße" in der ersten Zeile (Ordinal- bzgl. Ordinalmaß) unter der Spalte „Wert".

Ausgabe
Einkommen * Job_Zufried Kreuztabelle

Anzahl

		Job_Zufried				Ge-samt
		sehr unzu-frieden	unzu-frie-den	zu-frie-den	sehr zufrie-den	
Ein-kommen	< 6 000	20	24	80	82	206
	6 000 - 15 000	22	38	104	125	289
	15 000 - 25 000	13	28	81	113	235
	> 25 000	7	18	54	92	171
Gesamt		62	108	319	412	901

Diese Kontingenztabelle/Kreuztabelle ist wichtig für die Interpretation des Vorzeichens von Kendall-Tau-*b*. Ist das Vorzeichen (so wie hier) positiv, so besteht ein Zusammenhang von links oben in der Kontingenztabelle nach rechts unten in der Kontingenztabelle; d.h. geringe Einkommen gehen einher mit geringer Zufriedenheit und hohe Einkommen gehen einher mit hoher Zufriedenheit. Jedoch ist mit $\tau_b = 0{,}088$ dieser Zusammenhang nur schwach:

Symmetrische Maße

		Wert	Asymptotischer Standardfehler^a	Näherungs–weises t^b	Näherungsweise Sig.
Ordinal-bzgl. Ordinalmaß	Kendall-Tau-b	,088	,028	3,091	,002
Anzahl der gültigen Fälle		901			

a. Die Nullhypothese wird nicht angenommen.

b. Unter Annahme der Nullhypothese wird der asymptotische Standardfehler verwendet.

2. Möglichkeit:

1) Öffnen Sie das Beispiel „Umsatz_Zufried.sav "

2) Analysieren → Korrelation → Bivariat

3) Variablen = „Umsatz"
   „Zufriedenheit"
   Unter „Korrelationskoeffizienten" lediglich einen Haken setzen bei „Kendall-Tau-b".

4) Zur Auswertung klicken Sie auf „OK".
   Der Kendall-Tau-b mit dem Wert 0,088 steht in der SPSS-Ausgabe-Tabelle „Korrelationen" in der Zeile „Kendall-Tau-b".

Ausgabe

Korrelationen

			Umsatz	Zufried
Kendall-Tau-b	Umsatz	Korrelationskoeffizient	1,000	,088**
		Sig. (2-seitig)	.	,002
		N	901	901
	Zufried	Korrelationskoeffizient	,088**	1,000
		Sig. (2-seitig)	,002	.
		N	901	901

** Die Korrelation ist auf dem 0,01 Niveau signifikant (zweiseitig).

4.7.5 Gamma Koeffizient

Wir berechnen Gamma zwischen Einkommen und Job-Zufriedenheit aus Beispiel 4.6:

Befehle

1) Öffnen Sie das Beispiel Einkommen_Job_Zufried.sav

2) Analysieren → Deskriptive Statistiken → Kreuztabellen

3) Zeile(n) = „Einkommen"
   Spalten = „Job-Zufriedenheit"

4) Klicken Sie auf „Statistiken . . . " und machen Sie einen Haken bei „Gamma". Dann auf „Weiter".

5) Zur Auswertung klicken Sie auf „OK".
   Gamma mit dem Wert 0,127 steht in der SPSS-Ausgabe-Tabelle „Symmetrische Maße" in der ersten Zeile (Ordinal- bzgl. Ordinalmaß) unter der Spalte „Wert".

Ausgabe

Symmetrische Maße

		Wert	Asymptotischer Standardfehler[a]	Näherungsweises t[b]	Näherungsweise Signifikanz
Ordinal- bzgl. Ordinalmaß	Gamma	,127	,041	3,091	,002
Anzahl der gültigen Fälle		901			

a. Die Nullhypothese wird nicht angenommen.

b. Unter Annahme der Nullhypothese wird der asymptotische Standardfehler verwendet.

4.7.6 Kontingenzkoeffizient

Wir berechnen den Kontingenzkoeffizienten zwischen Berufsgruppe und Job-Zufriedenheit aus dem Beispiel 4.9:

Befehle

1) Öffnen Sie das Beispiel *customer_dbase.sav*.

2) Analysieren → Deskriptive Statistiken → Kreuztabellen

3) Zeile(n) =„job category"
   Spalten =„job satisfaction"

4) Klicken Sie auf „Statistiken…" und machen Sie einen Haken bei „Kontingenzkoeffizient". Dann auf „Weiter".

5) Zur Auswertung klicken Sie auf „OK".
   Der Kontingenzkoeffizient hat den Wert 0,244 (schwacher Zusammenhang).

Ausgabe

Symmetrische Maße

		Wert	Näherungs weise Signifikanz
Nominal- bzgl. Nominalmaß	Kontingenzkoeffizient	0,244	0,000
Anzahl der gültigen Fälle		5000	

a. Die Null-Hypothese wird nicht angenommen.

b. Unter Annahme der Null-Hypothese wird der asymptotische Standardfehler verwendet.

5 Testen auf Normalverteilung

Hauptaufgabe: Es soll geprüft werden, ob eine vorliegende Stichprobe aus einer Normalverteilung stammt. Die Variable darf wie folgt skaliert sein:

nominal: nein

ordinal: nein

metrisch: ja

Ein wichtiger Verteilungstyp in der Statistik ist die Normalverteilung (kurz: NV). Der Zentrale Grenzwertsatz besagt, dass unter gewissen Voraussetzungen die Summe von Zufallsvariablen annähernd normalverteilt ist. Die Annäherung ist schon hinreichend gut, sobald mindestens $n = 30$ Variablen summiert werden, also der Stichprobenumfang mindestens dreißig beträgt. Deshalb werden wir für Tests mit der NV als Voraussetzung nur für kleine Stichprobenumfänge, d.h. $n < 30$, die NV mit einem Anpassungstest überprüfen; für Stichprobenumfänge $n \geq 30$ sichert häufig der Zentrale Grenzwertsatz die NV-Annahme.

Liegt eine NV vor, so lassen sich Wahrscheinlichkeiten für interessierende Ereignisse berechnen. Zum Beispiel bei Anlagen kann gesagt werden, mit welcher Wahrscheinlichkeit im nächsten Jahr von dem angelegten Betrag mindestens noch soundsoviel Euro vorhanden sind.

Beispiel 5.1

Die Wahrscheinlichkeit, dass von einer Anlage in Höhe von 20 000 Euro am deutschen Aktienmarkt im nächsten Jahr noch mindestens 18 000 Euro vorhanden sind, also der Verlust höchstens 2 000 Euro beträgt, lag im Februar 2021 bei etwa 87%. Diese Wahrscheinlichkeit wird mit Hilfe der vergangenen DAX-Werte und der Normalverteilung berechnet.

Das Vorliegen einer Normalverteilung ist eine häufige Voraussetzung bei statistischen Testproblemen. SPSS bietet mehrere Möglichkeiten an, eine Normalverteilung zu überprüfen:

- rechnerisch mit dem Lilliefors-Test

- rechnerisch mit dem Shapiro-Wilk-Test

- visuell mit einem Histogramm

- visuell mit einer empirischen Verteilungsfunktion

- visuell mit dem Quantil-Quantil-Diagramm

Neben dem Lilliefors- und dem Shapiro-Wilk-Test gibt es noch den sogenannten Jarque-Bera-Test, um eine Normalverteilungsannahme zu überprüfen. SPSS bietet den Jarque-Bera-Test jedoch nicht an, so dass wir den Wert der Jarque-Bera-Teststatistik selber berechnen müssen.
Grundsätzlich ist ein Anpassungstest einer visuellen Überprüfung auf Normalverteilung vorzuziehen, da ein visueller Check subjektiv ist. Deshalb werden wir zunächst auf die drei NV-Anpassungstests eingehen.

5.1 Lilliefors-Test

Die russischen Mathematiker Kolmogorov und Smirnov schlugen im Jahr 1933 einen Test vor, der überprüft, ob die vorliegende Stichprobe aus einer Normalverteilung $N(\mu; \sigma)$ stammt oder nicht. Lilliefors (1967) hat diesen Test noch erweitert für den Fall, dass die Parameter μ und σ^2 der vermuteten Normalverteilung unbekannt sind und erst anhand der Stichprobe durch $\bar{x}$ bzw. s^2 geschätzt werden müssen.

Beispiel 5.2 (*Spar_Guthaben.sav*)
Es soll zum Niveau $\alpha = 0{,}05$ überprüft werden, ob das Sparguthaben X (in €) eines Kunden normalverteilt ist: H_0 : „Die Verteilung von X ist eine Normalverteilung; kurz $F_X = N$" gegen H_1 : „Die Verteilung von X ist keine Normalverteilung; kurz $F_X \neq N$".
Die Nullhypothese wird abgelehnt, falls die Abweichungen zwischen der empirischen Verteilungsfunktion und der Normalverteilung zu „groß" sind;

genauer falls die Abweichungen größer sind als c_n:

n	c_n	n	c_n
4	,381	14	,227
5	,337	15	,220
6	,319	16	,213
7	,300	17	,206
8	,285	18	,200
9	,271	19	,195
10	,258	19	,190
11	,249	25	,180
12	,242	30	,161
13	,234		
über 30			$\dfrac{,886}{\sqrt{n}}$

Um eine Testentscheidung treffen zu können, benötigen wir eine Stichprobe. Eine Befragung von $n = 12$ Personen ergab folgende Guthaben:

9 800 9 300 15 200 8 600 12 200 11 600
10 200 8 700 6 900 9 600 15 500 7 200

Um die Abweichungen zwischen der empirischen Verteilungsfunktion und der Normalverteilung angeben zu können, benötigen wir vorerst die Schätzer für die Parameter μ und σ:

μ wird durch $\overline{x} = 10\,400$ geschätzt

σ wird durch $s = \sqrt{s^2} = 2\,773{,}2488$ geschätzt

wobei $\overline{x}$ das arithmetische Mittel und s die empirische Standardabweichung bezeichnen.

Die der Größe nach geordneten Stichprobenwerte sind $x_{(i)}$. Wir standardisieren die geordneten Stichprobenwerte $z_{(i)} = \frac{x_{(i)} - 10\,400}{2\,773{,}25}$, wir bestimmen die Anteilswerte $F(x_{(i)}) = \frac{i}{12}$ und die Normalverteilungswerte $F(X \leq x_{(i)}) = F_U(z_{(i)})$. Dann suchen wir zwischen empirischer Verteilungsfunktion und der Normalverteilung die größte Differenz $\frac{i}{n} - F_U(z_{(i)})$. Und wir suchen zwischen Normalverteilung und empirischer Verteilungsfunktion die größte Differenz $F_U(z_{(i)}) - \frac{i-1}{12}$:

$x_{(i)}$	$z_{(i)}$	$F(x_{(i)}) = \frac{i}{12}$	$F_U(z_{(i)})$	$\frac{i}{12} - F_U(z_{(i)})$	$F_U(z_{(i)}) - \frac{i-1}{12}$
6900	−1,26	,0833	,1038	−,0205	,1038
7200	−1,15	,1667	,1251	,0416	,0418
8600	−0,65	,2500	,2578	,0078	,0911
8700	−0,61	,3333	,2709	,0624	,0209
9300	−0,40	,4167	,3446	,0721	,0113
9600	−0,29	,5000	,3858	,1141	−,0308
9800	−0,22	,5833	,4129	,1704	−,0871
10200	−0,07	,6667	,4721	,1946	−,1112
11600	0,43	,7500	,6664	,0836	−,0003
12200	0,65	,8333	,7422	,0911	−,0078
15200	1,73	,9167	,9582	,0415	,1249
15500	1,84	1,0000	,9671	,0329	,0504

Die maximale Differenz zwischen empirischer Verteilungsfunktion und der Normalverteilung beträgt 0,1946 (vorletzte Spalte). Die maximale Differenz zwischen Normalverteilung und empirischer Verteilungsfunktion beträgt 0,1249 (letzte Spalte). Das Maximum dieser beiden Werte beträgt wiederum 0,1946 und dies ist auch der empirische Wert der Teststatistik.

Der Test zum Niveau $\alpha = 0,05$ lehnt die Nullhypothese ab, falls die maximale Differenz zu „groß" ist, d.h. für $n = 12$ falls die maximale Differenz größer ist als 0,242. Da jedoch die maximale Differenz mit 0,1946 unterhalb dieser kritischen Grenze liegt, wird die Nullhypothese nicht abgelehnt; d.h. es kann angenommen werden, dass die Daten aus einer Normalverteilung stammen.

Mit Hilfe der Software SPSS werden wir die Testentscheidung wieder anhand des p-Wertes treffen:

Beispiel 5.3 (*Spar_Guthaben.sav*)
Die untere Grenze für den p-Wert im Beispiel 5.2 beträgt 0,2; d.h. p-Wert $\geq$ 0,2; d.h. H_0 wird nicht abgelehnt; d.h. das Sparguthaben eines Kunden kann als normalverteilt angesehen werden.

Der Lilliefors-Test ist geeignet für Stichprobenumfänge $n \leq 50$. Für größere Stichprobenumfänge versagt der Lilliefors-Test häufig, selbst wenn die Stichprobe eine Zufallsstichprobe aus einer vorgegebenen Normalverteilung stammt.

5.2 Shapiro-Wilk-Test

Shapiro und Wilk entwickelten im Jahr 1965 einen weiteren Test mit dem überprüft werden kann, ob ein vorliegender Datensatz aus einer Normalverteilung stammt.

Shapiro-Wilk-Test

H_0 : Die Verteilung von X ist eine Normalverteilung;
kurz $F_X = \mathsf{N}$

gegen

H_1 : Die Verteilung von X ist keine Normalverteilung;
kurz $F_X \neq \mathsf{N}$

Ablehnung von $H_0 \Leftrightarrow p$-Wert $\leq 0,05$

Beispiel 5.4 (*Spar_Guthaben.sav*)
Es soll anhand der Stichprobe aus dem Beispiel 5.2 zum Niveau $\alpha = 0,05$ überprüft werden, ob das Sparguthaben X (in €) eines Kunden normalverteilt ist.

Die Nullhypothese wird genau dann abgelehnt, wenn der p-Wert gleich oder kleiner als 0,05 ist. Der p-Wert beträgt 0,199; d.h. H_0 wird nicht abgelehnt; d.h. das Sparguthaben eines Kunden kann als normalverteilt angesehen werden.

Der Shapiro-Wilk-Test ist geeignet für Stichprobenumfänge $n \leq 50$. Für größere Stichprobenumfänge versagt der Shapiro-Wilk-Test häufig, selbst wenn die Stichprobe eine Zufallsstichprobe aus einer vorgegebenen Normalverteilung stammt.

5.3   Jarque-Bera-Test

Im Jahr 1980 stellten die Anil K. Bera und Carlos M. Jarque einen weiteren Test vor, der die Nullhypothese einer Normalverteilung testet. Der Jarque-Bera-Test überprüft anhand der **Schiefe** (Maß für die Asymmetrie):

$$S = \frac{\frac{1}{n}\sum_{i=1}^{n}(x_i - \overline{x})^3}{\left(\frac{1}{n}\sum_{i=1}^{n}(x_i - \overline{x})^2\right)^{1,5}}$$

und der **Kurtosis** (Maß für die Wölbung):

$$K = \frac{\frac{1}{n}\sum_{i=1}^{n}(x_i - \overline{x})^4}{\left(\frac{1}{n}\sum_{i=1}^{n}(x_i - \overline{x})^2\right)^{2}}$$

einer empirischen Verteilung, ob die Stichprobe aus einer Normalverteilung stammt. Das Testproblem zum Signifikanzniveau α lautet:

> **Jarque-Bera-Test**
> H_0 : Es liegt Normalverteilung vor
> H_1 : Es liegt keine Normalverteilung vor
> Ablehnung von $H_0 \Leftrightarrow p$-Wert $\leq \alpha$

Da der p-Wert nicht von SPSS berechnet wird, müssen wir die Testentscheidung anhand des kritischen Wertes fällen. Die Jarque-Bera-Teststatistik T wird aus der Stichprobe wie folgt berechnet:

$$T = \frac{n}{6}\left(S^2 + \frac{(K-3)^2}{4}\right)$$

Die Größe $K - 3$ wird auch als **Exzess** bezeichnet.

Ist eine Verteilung symmetrisch, so ist sie nicht schief und S hat den Wert null.

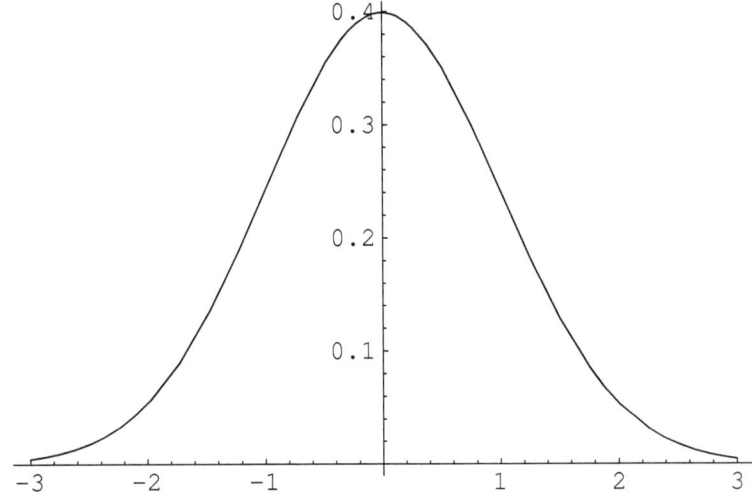

symmetrische Verteilung, theoretische Schiefe = 0

Ist eine (unimodale) Verteilung links vor dem Max der Dichte steiler als rechts nach dem Max, so wird diese Verteilung als linkssteil oder rechtsschief bezeichnet und der Wert von S ist größer als null.

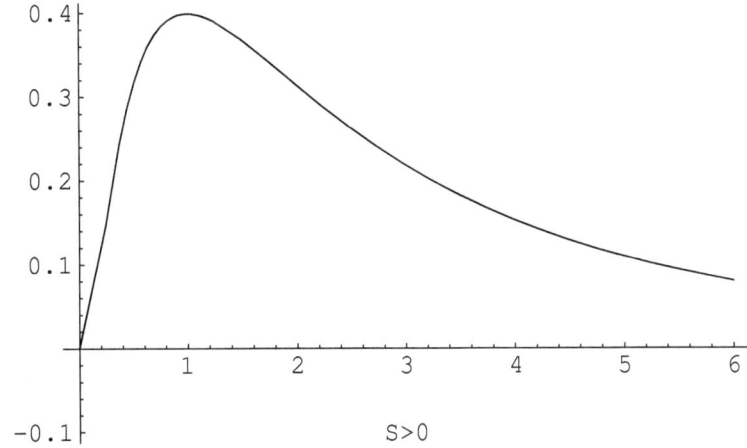

linkssteile Verteilung = rechtschiefe Verteilung
theoretische Schiefe > 0

Ist umgekehrt eine (unimodale) Verteilung rechts nach dem Max der Dichte steiler als links vor dem Max, so wird diese Verteilung als rechtssteil oder linksschief bezeichnet und der Wert von S ist kleiner als null.

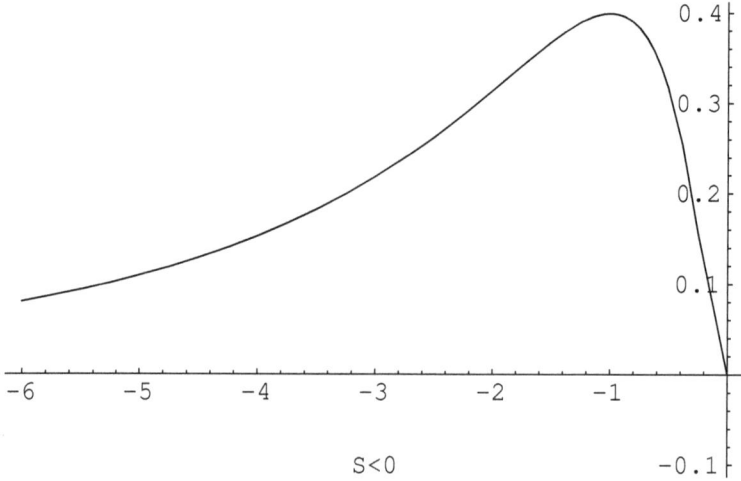

rechtssteile Verteilung = linksschiefe Verteilung
theoretische Schiefe < 0

Insb. beträgt die Schiefe der Normalverteilung null und für nicht symmetrische Verteilungen ist die Schiefe ungleich null.

Die Kurtosis misst die Wölbung einer Verteilung; genauer soll der Wert der Kurtosis angeben, wie viel Wahrscheinlichkeitsmasse oder relative Häufigkeit in den rechten und linken Enden der Dichtefunktion bzw. im Histogramm liegen. Dabei wird die Normalverteilung als eine Verteilung mit moderatem Gewicht in den Enden bezeichnet. Für die Normalverteilung hat die Kurtosis den Wert drei. Hat die Kurtosis einer Verteilung einen Wert größer als drei, so wird das Gewicht in den Enden als stark bezeichnet. Hat die Kurtosis einer Verteilung einen Wert kleiner als drei, so wird das Gewicht in den Enden als schwach bezeichnet; z.B. hat die Kurtosis der uniformen Verteilung den Wert 1,8.

Die Teststatistik T ist approximativ Chi-Quadrat-verteilt mit zwei Freiheitsgraden, so dass für den Jarque-Bera-Test zum Signifikanzniveau α die Testentscheidungsregel wie folgt lautet:

α	Ablehnung von H_0
0,01	$T > 9{,}21034$
0,05	$T > 5{,}991465$
0,10	$T > 4{,}60517$

Wie schon oben erwähnt, bietet SPSS den Jarque-Bera-Test nicht an, sodass wir den Wert der Teststatistik selber berechnen müssen.

Beispiel 5.5 (*Spar_Guthaben.sav*)
Wir möchten zum Niveau 0,05 testen, ob das Sparguthaben (in €) eines Kunden als normalverteilt angesehen werden kann. Eine Stichprobe vom Umfang $n = 12$ ergab die folgenden Daten:

$$9\,800 \quad 9\,300 \quad 15\,200 \quad 8\,600 \quad 12\,200 \quad 11\,600$$
$$10\,200 \quad 8\,700 \quad 6\,900 \quad 9\,600 \quad 15\,500 \quad 7\,200$$

Die ersten vier Momente lauten:

$$\overline{x} = 10\,400$$

$$\frac{1}{n} \sum_{i=1}^{n} (x_i - 10\,400)^2 = 7\,050\,000$$

$$\frac{1}{n} \sum_{i=1}^{n} (x_i - 10\,400)^3 = 13\,529\,000\,000$$

$$\frac{1}{n} \sum_{i=1}^{n} (x_i - 10\,400)^4 = 124\,642\,300\,000\,000$$

Daraus ergibt sich für die Schiefe:

$$S = \frac{13\,529\,000\,000}{7\,050\,000^{1,5}} = 0{,}7227399$$

Und für die Kurtosis:

$$K = \frac{124\,642\,300\,000\,000}{7\,050\,000^2} = 2{,}507767$$

Der Wert der Teststatistik beträgt somit:

$$T = \frac{12}{6}\left(0{,}7227399^2 + \frac{(2{,}507767 - 3)^2}{4}\right) = 1{,}165852$$

Da gilt $1{,}165852 < 5{,}991465$, wird H_0 nicht abgelehnt; d.h. die Daten stammen aus einer Normalverteilung.

Die Software SPSS berechnet andere Schiefe- und Kurtosiswerte als oben angegeben:

$$\text{SPSS-Schiefe} \quad = \quad \frac{\sqrt{n(n-1)}}{n-2} \cdot S = \frac{\sqrt{12 \cdot 11}}{10} \cdot 0{,}7227399 = 0{,}830$$

$$\text{SPSS-Kurtosis} \quad = \quad \frac{(n-1)(n+1)}{(n-2)(n-3)} \cdot K - 3 \cdot \frac{(n-1)^2}{(n-2)(n-3)}$$

$$= \quad \frac{11 \cdot 13}{10 \cdot 9} \cdot 2{,}508 - 3 \cdot \frac{121}{10 \cdot 9} = -0{,}049$$

Die sogenannten kritischen Werte $9{,}21034$, $5{,}991465$ und $4{,}60517$ des Jarque-Bera-Tests sind ungenau, falls der Stichprobenumfang n klein ist; d.h. falls gilt $n < 200$. Simulationen mit 600 000 Stichproben ergaben die folgenden kritischen Werte für $n = 20, 50, 100, 200$ (vgl. Dong W. Cho und Kyung So Im [2002] und Büning) [2007]:

n	kritische Werte für		
	$\alpha = 0{,}01$	$\alpha = 0{,}05$	$\alpha = 0{,}10$
20	9,762	3,821	2,359
50	12,578	5,007	3,203
100	12,626	5,442	3,673
200	11,858	5,694	4,037
500	–	5,825	–
∞	9,210	5,991	4,605

Fazit: Der Jarque-Bera-Test zum Niveau $\alpha = 0{,}05$ sollte erst für Stichprobenumfänge von mindestens 200 herangezogen werden.

Anmerkung: Für einen Stichprobenumfang n ergeben sich aufgrund der SPSS-Werte die folgenden Werte für S und K des Jarque-Bera Tests:

$$S = \frac{n-2}{\sqrt{n(n-1)}} \cdot S_{SPSS} \approx S_{SPSS}$$

$$K = \frac{(n-2)(n-3)}{n^2-1} \cdot K_{SPSS} + 3 \cdot \frac{n-1}{n+1} \approx K_{SPSS} + 3$$

5.4 Histogramm versus Normalverteilung

Um visuell zu überprüfen, ob eine Stichprobe aus einer Normalverteilung entstammt, zeichnen wir das Histogramm und die Dichtefunktion (Gauß' sche Glockenkurve) der Normalverteilung in ein Diagramm.

Beispiel 5.6 (*Spar_Guthaben.sav*)
Wir möchten Aufschluss darüber erhalten, ob das Sparguthaben X (in €) als normalverteilt angesehen werden kann. Dazu befragen wir $n = 12$ Personen nach ihrem Sparguthaben. Es ergaben sich folgende Werte:

9 800 9 300 15 200 8 600 12 200 11 600
10 200 8 700 6 900 9 600 15 500 7 200

Wir klassieren die Daten in äquidistante Klassen der Breite 2 000 und berechnen die Häufigkeits-Dichte = $\frac{\text{relative Häufigkeit}}{\text{Klassenbreite}}$:

Klasse	rel. H.	Dichte
6 000 − 8 000	2/12	0,000 08$\overline{3}$
8 000 − 10 000	5/12	0,000 208$\overline{3}$
10 000 − 12 000	2/12	0,000 08$\overline{3}$
12 000 − 14 000	1/12	0,000 041$\overline{6}$
14 000 − 16 000	2/12	0,000 08$\overline{3}$

Um die Werte der Normalverteilung angeben zu können, benötigen wir μ und σ. Da diese Parameter unbekannt sind, werden sie wie folgt geschätzt:

μ wird durch $\overline{x} = 10\,400$ geschätzt

σ wird durch $s = \sqrt{s^2} = 2\,773{,}24883$ geschätzt

Die Dichte der $N(\mu = 10\,400; \sigma = 2\,773{,}24883)$ und die Häufigkeits-Dichte tragen wir in ein Diagramm ein:

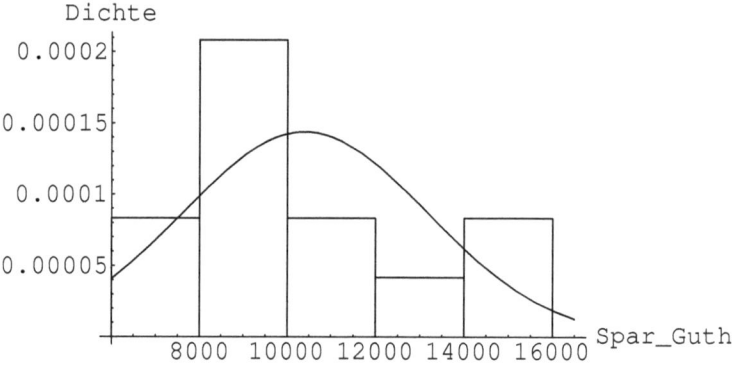

empirische Dichte und Normalverteilung

Die Gauß'sche Glockenkurve beschreibt die Blöcke des Histogramms aus der empirischen Häufigkeits-Dichte schlecht. Deshalb wird angenommen, dass die Stichprobe nicht aus einer Normalverteilung stammt. Die visuelle Entscheidung, dass keine NV vorliegt, liegt jedoch daran, dass bei einem Stichprobenumfang von $n = 12$ das Histogramm immer zu eckig sein wird, um durch eine Kurve beschrieben werden zu können.

Je besser das rechteckige Histogramm in die Gestalt der Gauß'schen Glockenkurve passt, umso eher kann angenommen werden, dass die Stichprobe aus einer Normalverteilung stammt.

Ist der Stichprobenumfang n „klein", so hinkt der Vergleich von Histogramm und Glockenkurve, da das Histogramm für $n < 30$ nie richtig in die Gestalt der Glockenkurve passen wird.

5.5 Empirische Verteilungsfunktion versus Normalverteilung

Um visuell zu überprüfen, ob eine Stichprobe aus einer Normalverteilung entstammt, zeichnen wir die Punkte der empirischen Verteilungsfunktion und die Punkte der Normalverteilung in ein Diagramm. Um besser zwischen den Punkten der empirischen Verteilungsfunktion und den Punkten der Normalverteilung unterscheiden zu können, verbinden wir die Punkte der empirischen Verteilungsfunktion mit einem Lineal. Es entsteht dabei eine Diagonale, falls alle Stichprobenwerte unterschiedlich sind, also keine Mehrfachnennungen vorkommen. Das Diagramm mit dieser Diagonalen und den Punkten der Normalverteilung wird als **P-P-Diagramm** bezeichnet.

Je näher die Punkte im P-P-Diagramm (Normalverteilung) auf der Diagonalen (empirische Verteilungsfunktion) liegen, desto eher kann angenommen werden, dass die Stichprobe einer Normalverteilung entstammt.

Beispiel 5.7 (*Spar_Guthaben.sav*)
Wir möchten Aufschluss darüber erhalten, ob das Sparguthaben X (in €) als normalverteilt angesehen werden kann. Dazu befragen wir $n = 12$ Personen nach ihrem Sparguthaben. Es ergaben sich folgende Werte:

9 800 9 300 15 200 8 600 12 200 11 600
10 200 8 700 6 900 9 600 15 500 7 200

Um die Werte der Normalverteilung angeben zu können, benötigen wir μ und σ. Da diese Parameter unbekannt sind, werden sie wie folgt geschätzt:

μ wird durch $\overline{x} = 10\,400$ geschätzt

σ wird durch $s = \sqrt{s^2} = 2\,773{,}2488$ geschätzt

Wir ordnen die Werte aufsteigend und berechnen sowohl die empirische Verteilungsfunktion F als auch die Normalverteilungsfunktion F_U für die geordneten Stichprobenwerte:

i	$x_{(i)}$	$z_{(i)}$	$F(x_{(i)}) = \frac{i}{12}$	$F_U(z_{(i)})$
1	6900	−1,26	,0833	,1038
2	7200	−1,15	,1667	,1251
3	8600	−0,65	,2500	,2578
4	8700	−0,61	,3333	,2709
5	9300	−0,40	,4167	,3446
6	9600	−0,29	,5000	,3858
7	9800	−0,22	,5833	,4129
8	10200	−0,07	,6667	,4721
9	11600	0,43	,7500	,6664
10	12200	0,65	,8333	,7422
11	15200	1,73	,9167	,9582
12	15500	1,84	1,0000	,9671

Um das P-P-Diagramm zu erhalten, tragen wir die Diagonale und die Werte von $F_U(z_{(i)})$ in ein Diagramm ein:

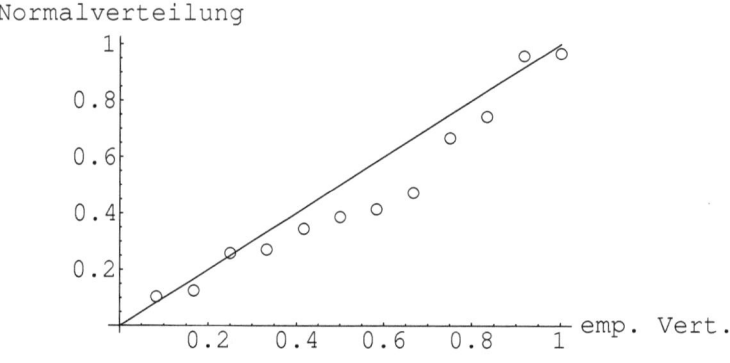

empirische Verteilung und Normalverteilung

Die Punkte liegen „recht gut" auf der Geraden, also kann X=Sparguthaben als normalverteilt angesehen werden.

5.6 Quantil-Quantil Diagramm

Treten keine Bindungen (identische Beobachtungswerte) in der geordneten Stichprobe $x_{(1)}, x_{(2)}, \ldots, x_{(n)}$ auf, so hat die empirische Verteilungsfunktion die Werte $\frac{1}{n}, \frac{2}{n}, \ldots, \frac{n}{n} = 1$. Um visuell vergleichen zu können, ob die Stichprobe aus einer Normalverteilung stammt, werden die zugehörigen $\frac{i}{n}$-Quantile der Normalverteilung berechnet. Die Darstellung der Paare $(x_{(i)}, (\frac{i}{n})$-Quantil) in einem Diagramm wird als **QQ-Diagramm** bezeichnet.

Beispiel 5.8 (*Spar_Guthaben.sav*)
X=Sparguthaben. Die geordneten zwölf Stichprobenwerte betragen:

i	$x_{(i)}$	$F(x_{(i)}) = \frac{i}{12}$	$\frac{i}{12}$-Quantil
1	6 900	,0833	6 564,613
2	7 200	,1667	7 717,099
3	8 600	,2500	8 529,472
4	8 700	,3333	9 205,486
5	9 300	,4167	9 816,430
6	9 600	,5000	10 400,000
7	9 800	,5833	10 983,570
8	10 200	,6667	11 594,514
9	11 600	,7500	12 270,528
10	12 200	,8333	13 082,901
11	15 200	,9167	14 235,387
12	15 500	1,0000	∞

Die Paare (6 900;6 564,613),(7 200;7 717,099),...,(15 200;14 235,387) werden als Punkte in ein Diagramm (QQ-Diagramm) eingetragen. Als Hilfslinie wird die Winkelhalbierende eingezeichnet:

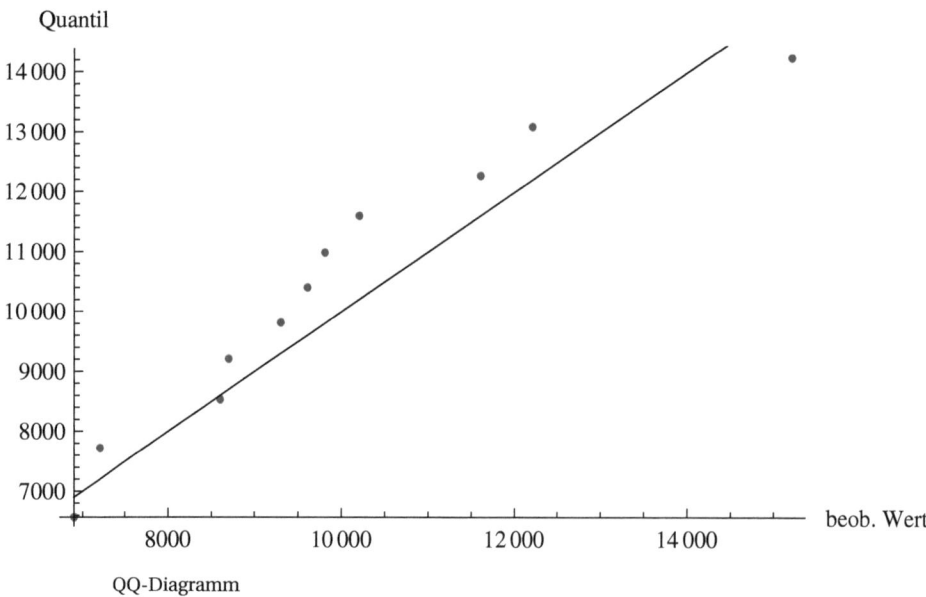

Quantil

QQ-Diagramm

beob. Wert

Eine Normalverteilung kann angenommen werden, weil die Punkte „dicht" an der Winkelhalbierenden liegen.

5.7 Zusammenfassung

Der Lilliefors-Test und der Shapiro-Wilk-Test sind nur geeignet für kleine Stichprobenumfänge $n \leq 30$. Für größere Stichprobenumfänge sollte die NV mit einem QQ-Plot visuell überprüft werden:

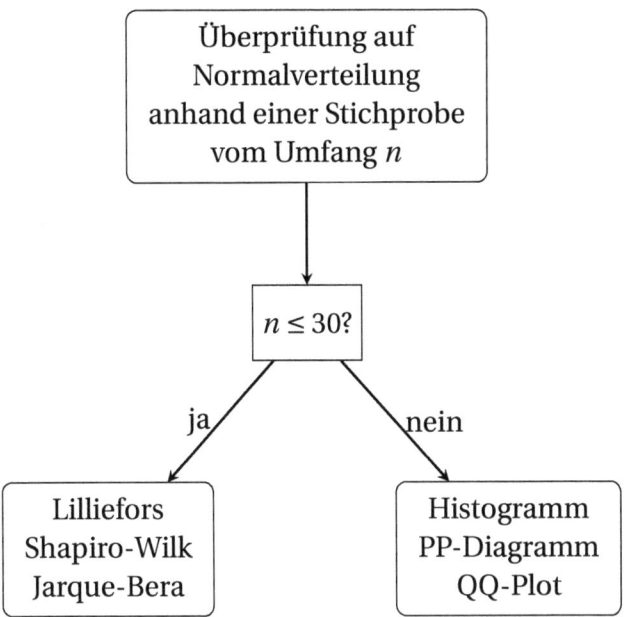

Es stellt sich die Frage, welches Verfahren zur Überprüfung einer Normalverteilung „am geeignetsten" ist. Zunächst sind Tests den visuellen Entscheidungen vorzuziehen, weil Tests objektiv entscheiden. Dann stellt sich die Frage, welcher der vorgeschlagenen Tests am häufigsten bei einer nicht vorliegenden Normalverteilung dies auch aufdeckt.

Der Shapiro-Wilk-Test erkennt häufiger als der Kolmogorov-Smirnov-Test, wenn keine Normalverteilung vorliegt (vgl. Shapiro/Wilk [1965] p. 608).

Herbert Büning und Thorsten Thadewald [2007] und haben den Shapiro-Wilk-Test mit dem Jarque-Bera-Test verglichen und kamen zu dem folgenden Ergebnis:

> *„It turns out that for the Jarque-Bera test the approximation of critical values by the chi-square distribution does not work as well. The test is superior in power to its competitors for symmetric distributions with medium up to long tails and for slightly skewed distributions with long tails. The power of the Jarque-Bera test is poor for distributions with short tails, especially if the shape is bimodal, sometimes the test is even biased. In this case a modification of the Cramér-von Mises test or the Shapiro-Wilk test may be recommended."*

Fazit: Für symmetrische Verteilungen mit einer Kurtosis von mindestens drei ist der Jarque-Bera-Test besser als der Shapiro-Wilk-Test; manchmal ist hier auch der Kolmogorov-Smirnov-Test noch besser als der Jarque-Bera-Test. Sobald jedoch die Kurtosis kleiner als drei ist, sollte der Shapiro-Wilk-Test herangezogen werden:

Kurtosis	Schiefe		
	$S < 0$	$S = 0$	$S > 0$
$K < 3$		Shapiro-Wilk	Shapiro-Wilk
$K = 3$		Jarque-Bera Shapiro-Wilk Lilliefors KS	
$K > 3$		Jarque-Bera	Jarque-Bera

Aus der SPSS-Schiefe und der SPSS-Kurtosis ergeben sich die Werte für die Schiefe S und die Kurtosis K wie folgt:

$$S = \frac{n-2}{\sqrt{n(n-1)}} \cdot S_{SPSS}$$

$$K = \frac{(n-2)(n-3)}{n^2 - 1} \cdot K_{SPSS} + 3 \cdot \frac{n-1}{n+1}$$

5.8   SPSS-Befehle

Eingabe

Wir möchten wissen, ob die Stichprobe aus dem Beispiel 5.2 aus einer Normalverteilung stammt. Die Daten werden wie folgt eingegeben:

Nr.	Spar_Guth
1	9 800
2	9 300
3	15 200
4	8 600
5	12 200
6	11 600
7	10 200
8	8 700
9	6 900
10	9 600
11	15 500
12	7 200

5.8.1 Lilliefors-Test

Befehle

1) Öffnen Sie das Beispiel Spar_Guthaben.sav

2) Analysieren → Deskriptive Statistiken → Explorative Datenanalyse
   ...

3) Abhängige Variablen = Spar_Guth
   (Faktorliste = Gruppe)
   Setzen Sie unter „Anzeige" einen Haken bei „Beides".

4) Klicken Sie auf „Statistiken ...".
   Setzen Sie einen Haken bei „Deskriptive Statistik".
   Klicken Sie auf „Weiter".

5) Klicken Sie auf „Diagramme ...".
   Setzen Sie unter „Deskriptive S ..." einen Haken bei „Histogramm".
   Setzen Sie einen Haken bei „Normalverteilungsdiagramm mit Tests".
   Klicken Sie auf „Weiter".

6) Zur Auswertung klicken Sie auf „OK".
   Die Untergrenze von 0,200 für den p-Wert steht in der Tabelle „Tests

auf Normalverteilung" unter „Kolmogorov-Smirnov" unter „Signifikanz".

Ausgabe

Deskriptive Statistik

			Statistik	Standardfehler
Spar_Guth		Mittelwert	10400,0000	800,56798
	95% Konfidenzintervall des Mittelwerts	Untergrenze	8637,9618	
		Obergrenze	12162,0382	
		5% getrimmtes Mittel	10311,1111	
		Median	9700,0000	
		Varianz	7690909,091	
		Standardabweichung	2773,24883	
		Minimum	6900,00	
		Maximum	15500,00	
		Spannweite	8600,00	
		Interquartilbereich	3425,00	
		Schiefe	,830	,637
		Kurtosis	−,049	1,232

Tests auf Normalverteilung

	Kolmogorov-Smirnov[a]			Shapiro-Wilk		
	Statistik	df	Signifikanz	Statistik	df	Signifikanz
Spar_Guth	0,195	12	,200*	,908	12	,199

*. Dies ist eine untere Grenze der echten Signifikanz.

a. Signifikanzkorrektur nach Lilliefors

Es gilt: p-Wert ≥ 0,200; d.h. p-Wert > 0,05; d.h. H_0 wird nicht abgelehnt; d.h. es liegt eine Normalverteilung des Sparguthabens vor.

5.8.2 Shapiro-Wilk-Test

Befehle

1) Öffnen Sie das Beispiel Spar_Guthaben.sav

2) Analysieren → Deskriptive Statistiken → Explorative Datenanalyse
   …

3) Abhängige Variablen = Spar_Guth
   (Faktorliste = Gruppe)
   Setzen Sie unter „Anzeige" einen Haken bei „Beide".

4) Klicken Sie auf „Statistiken".
   Setzen Sie einen Haken bei „Deskriptive Statistik".
   Klicken Sie auf „Weiter".

5) Klicken Sie auf „Diagramme".
   Setzen Sie unter „Deskriptive S ... " einen Haken bei „Histogramm".
   Setzen Sie einen Haken bei „Normalverteilungsdiagramm mit Tests".
   Klicken Sie auf „Weiter".

6) Zur Auswertung klicken Sie auf „OK".
   Der p-Wert von 0,199 steht in der Tabelle „Tests auf Normalverteilung" unter „Shapiro-Wilk" unter „Signifikanz".

Ausgabe

Deskriptive Statistik

			Statistik	Standardfehler
Spar_Guth		Mittelwert	10400,0000	800,56798
	95% Konfidenzintervall des Mittelwerts	Untergrenze	8637,9618	
		Obergrenze	12162,0382	
		5% getrimmtes Mittel	10311,1111	
		Median	9700,0000	
		Varianz	7690909,091	
		Standardabweichung	2773,24883	
		Minimum	6900,00	
		Maximum	15500,00	
		Spannweite	8600,00	
		Interquartilbereich	3425,00	
		Schiefe	,830	,637
		Kurtosis	−,049	1,232

Tests auf Normalverteilung

	Kolmogorov-Smirnov[a]			Shapiro-Wilk		
	Statistik	df	Signifikanz	Statistik	df	Signifikanz
Spar_Guth	0,195	12	,200*	,908	12	,199

∗. Dies ist eine untere Grenze der echten Signifikanz.

a. Signifikanzkorrektur nach Lilliefors

Es gilt: p-Wert $= 0,199 > 0,05$; d.h. H_0 wird nicht abgelehnt; d.h. es liegt eine Normalverteilung des Sparguthabens vor.

5.8.3 Histogramm versus Normalverteilung

Wir können uns auch zur visuellen Überprüfung der Normalverteilung das Histogramm der Daten zeichnen lassen und zum Vergleich darüber die Kurve der Normalverteilungs-Dichtefunktion legen.

Befehle

1) Öffnen Sie das Beispiel Spar_Guthaben.sav

2) Analysieren → Deskriptive Statistiken → Häufigkeiten ...

3) Variable(n)=Spar_Guth

4) Klicken Sie auf „Diagramme ... " und setzen Sie jeweils einen Haken bei „Histogramme" und „Normalverteilungskurve im Histogramm anzeigen". Anschließend klicken Sie auf „Weiter".

5) Zur Erstellung der Grafik klicken Sie auf „OK".
   Es erscheint das Histogramm mit der überlagerten Glockenkurve der Normalverteilung.

SPSS berechnet zum Zeichnen des Histogramms nicht die Dichte, sondern die absoluten Häufigkeiten der Klassen. Das ergibt jedoch dasselbe Bild, da hier der Sonderfall von gleich großen Klassenbreiten (äquidistante Klassen) vorliegt.

5.8.4 Empirische Verteilungsfunktion versus Normalverteilung

Je näher im Normalverteilungsplot die eingezeichneten Punkte auf der durchgezogenen Diagonalen liegen, desto eher trifft die Normalverteilung zu.

Befehle

1) Öffnen Sie das Beispiel Spar_Guthaben.sav

2) Analysieren → Deskriptive Statistiken → P-P-Diagramme ...

3)   Variablen = Spar_Guth
     Testverteilung=   Normal

4) Zur Erstellung der Grafik klicken Sie auf „OK".

Es erscheint das P-P-Diagramm von Normal von Spar_Guth. Je näher die Punkte auf der Diagonalen liegen, desto eher trifft die Normalverteilungsannahme zu.

5.8.5 QQ-Diagramm

Je näher im QQ-Diagramm die eingezeichneten Punkte auf der durchgezogenen Diagonalen liegen, desto eher trifft die Normalverteilung zu.

Befehle

1) Öffnen Sie das Beispiel Spar_Guthaben.sav

2) Analysieren → Deskriptive Statistiken → Q-Q-Diagramme …

3)   Variablen = Spar_Guth
     Testverteilung=   Normal

4) Zur Erstellung der Grafik klicken Sie auf „OK".

Es erscheint das QQ-Diagramm von X = Sparguthaben. Je näher die Punkte auf der Diagonalen liegen, desto eher trifft die Normalverteilungsannahme zu.

6 Test auf Gleichheit zweier Varianzen

Hauptaufgabe: Es soll die Gleichheit zweier theoretischer Varianzen einer Grundgesamtheit überprüft werden. Die Variablen dürfen wie folgt skaliert sein:

nominal: nein
ordinal: nein
metrisch: ja

Des Weiteren müssen die beiden Variablen, deren theoretische Varianzen verglichen werden, normalverteilt und stochastisch unabhängig sein.

6.1 Levene-Test

Liegen zwei statistische Variablen X und Y vor, so ist es manchmal von Interesse (vgl. z.B. Test auf Gleichheit zweier Erwartungswerte im Kapitel 7) zu wissen, ob entweder Gleichheit oder Ungleichheit der beiden theoretischen Varianzen σ_x^2 und σ_y^2 vorausgesetzt werden kann. Sind die theoretischen Varianzen unbekannt, so wird mit einem Test die Gleichheit überprüft:

Levene-Test

$H_0:$ Beide Varianzen sind gleich;
      kurz: $\sigma_x^2 = \sigma_y^2$

versus

$H_1:$ Die beiden Varianzen sind unterschiedlich;
      kurz: $\sigma_x^2 \neq \sigma_y^2$

Ablehnung von $H_0 \Leftrightarrow p$-Wert $\leq \alpha$

Voraussetzung für den Levene-Test ist, dass X und Y stochastisch unabhängig voneinander sind und jeweils eine stetige Verteilung (muss nicht unbedingt die Normalverteilung sein) haben.

Um diese Hypothesen zu testen, benötigen wir einen Datensatz.

Beispiel 6.1 (*Renditen.sav*)

Wir möchten in eines von zwei Wertpapieren Geld anlegen. Dazu prüfen wir vorab, ob beide Wertpapiere unterschiedlich große Risiken tragen:

H_0 : Beide Wertpapiere haben dasselbe Risiko
d.h. die Varianzen sind gleich

gegen

H_1 : Beide Wertpapiere haben unterschiedliche Risiken
d.h. die Varianzen sind ungleich

Es bezeichnen X die monatliche Rendite (in %) von Wertpapier I und Y die monatliche Rendite (in %) von Wertpapier II. Aus vergangenen Monaten liegen uns folgende Beobachtungen von X und Y vor:

$$(x_1, \ldots, x_5) = (4{,}2; 3{,}7; 4{,}0; 3{,}8; 4{,}3)$$

$$(y_1, \ldots, y_6) = (4{,}0; 3{,}9; 4{,}0; 4{,}1; 4{,}0; 4{,}0)$$

Die arithmetischen Mittel betragen:

$$\overline{x} = \frac{1}{5}[4{,}2 + 3{,}7 + 4{,}0 + 3{,}8 + 4{,}3] = 4{,}0$$

$$\overline{y} = \frac{1}{6}[4{,}0 + 3{,}9 + 4{,}0 + 4{,}1 + 4{,}0 + 4{,}0] = 4{,}0$$

Die empirischen Varianzen und Standardabweichungen betragen:

$$s_x^2 = \frac{1}{4}\left[(4{,}2 - 4{,}0)^2 + \ldots + (4{,}3 - 4{,}0)^2\right] = \frac{0{,}05}{4} = 0{,}065$$

$$s_y^2 = \frac{1}{5}\left[(4{,}0 - 4{,}0)^2 + \ldots + (4{,}0 - 4{,}0)^2\right] = \frac{0{,}02}{5} = 0{,}004$$

$$s_x = \sqrt{0{,}065} = 0{,}254951$$

$$s_y = \sqrt{0{,}004} = 0{,}06324555$$

d.h. die empirischen Varianzen sind unterschiedlich.
Um den p-Wert des Levene-Tests berechnen zu können, benötigen wir den empirischen Wert der Levene-Teststatistik:

$$F\text{emp.} = \frac{N-k}{k-1} \cdot \frac{\sum_{i=1}^{k} n_i (\overline{z}_{i.} - \overline{z}_{..})}{\sum_{i=1}^{k} \sum_{j=1}^{n_i} (z_{ij} - \overline{z}_{i.})^2} = 9{,}298$$

wobei die Notation wie folgt ist:

$$
\begin{aligned}
k &= 2 \text{ (Anzahl der Gruppen)} \\
n_i &= \text{Stichprobenumfang in der } i\text{-ten Gruppe} \\
N &= n_1 + n_2 + \ldots + n_k = 5 + 6 = 11 \\
z_{1j} &= |x_j - \overline{x}| = (0{,}2; 0{,}3; 0; 0{,}2; 0{,}3) \\
z_{2j} &= |y_j - \overline{y}| = (0; 0{,}1; 0; 0{,}1; 0; 0) \\
\overline{z}_{1.} &= \tfrac{1}{n_1}[z_{11} + z_{12} + \ldots + z_{1n_1}] = \tfrac{1}{5}[0{,}2 + 0{,}3 + 0 + 0{,}2 + 0{,}3] = 0{,}2 \\
\overline{z}_{2.} &= \tfrac{1}{n_2}[z_{21} + z_{22} + \ldots + z_{2n_2}] = \tfrac{1}{6}[0 + 0{,}1 + 0 + 0{,}1 + 0 + 0] = 0{,}\overline{3} \\
\overline{z}_{..} &= \tfrac{1}{n_1+n_2}[z_{11} + z_{12} + \ldots + z_{1n_1} + z_{21} + z_{22} + \ldots + z_{2n_2}] = 0{,}1\overline{09}
\end{aligned}
$$

Der p–Wert des Levene-Tests ergibt sich aus der F-Verteilung und beträgt:

$$P_{k-1;N-k}(F > F\text{emp.}) = P_{1;9}(F > 9{,}298) = 0{,}01380938 \approx 0{,}014$$

Da der p-Wert mit 0,014 kleiner ist als das Signifikanzniveau von 0,05, wird die Nullhypothese abgelehnt; d.h. die Risiken der beiden Wertpapiere sind signifikant unterschiedlich hoch.
Interpretation: In der Stichprobe waren beide empirischen Varianzen unterschiedlich. Sie hatten die Werte 0,065 und 0,004. Dieser Unterschied in der Stichprobe reichte aus, dass für die Grundgesamtheit von signifikant unterschiedlich großen theoretischen Varianzen ausgegangen wird, falls die beiden Stichproben repräsentativ waren.

Sind alle Varianzen gleich groß, so wird von einer **Homogenität** der Varianzen gesprochen. Unterscheiden sich hingegen mindestens zwei Varianzen, sind also nicht alle Varianzen gleich groß, so wird von **Heterogenität** der Varianzen gesprochen.

Anmerkung: Der Levene-Test überprüft die Nullhypothese der Gleichheit zweier (oder mehrerer) Varianzen. Sind die Varianzen gleich, so liegt der Wert der empirischen Teststatistik $F_{\text{emp.}}$ nahe null oder beträgt sogar null. Sind hingegen die Varianzen unterschiedlich groß, so ist der Wert der empirischen Teststatistik wesentlich größer als null. Stellt sich nun beim Vergleich zweier Varianzen σ_x^2 und σ_y^2 heraus, dass die beiden Varianzen signifikant unterschiedlich sind, so ist insb. der Wert der empirischen Teststatistik „groß", ganz gleich ob gilt $\sigma_x^2 > \sigma_y^2$ oder $\sigma_x^2 < \sigma_y^2$. D.h. insb. dass der Levene-Test nicht zum einseitigen Vergleich zweier Varianzen herangezogen werden kann.

Um mit dem Levene-Test die Gleichheit von mehr als zwei Varianzen zu überprüfen, muss in SPSS eine sogenannte Varianzanalyse gestartet werden. Die SPSS-Befehle dazu stehen in Kapitel 10.4.2.

6.2 Zusammenfassung

Der Levene-Test überprüft die Gleichheit zweier oder mehrerer theoretischer Varianzen.

6.3 SPSS Befehle

Eingabe

Wir möchten wissen, ob die theoretischen Varianzen der Renditen der beiden Wertpapiere aus Beispiel 6.1 gleich sind. Die elf Werte der zu testenden Renditen müssen untereinander in der Tabelle der SPSS-Datenansicht stehen:

Nr.	Rendite	Gruppe
1	4,2	1
2	3,7	1
3	4,0	1
4	3,8	1
5	4,3	1
6	4,0	2
7	3,9	2
8	4,0	2
9	4,1	2
10	4,0	2
11	4,0	2

Befehle

Die Stichproben müssen aus Normalverteilungen entstammen. Der Shapiro-Wilk-Test hat die beiden p-Werte 0,692 für Wertpapier I und 0,101 für Wertpapier II; d.h. die Renditen der beiden Wertpapiere können als normalverteilt angenommen werden.

1) Öffnen Sie das Beispiel Renditen.sav

2) Analysieren → Mittelwerte vergleichen → T-Test bei unabhängigen Stichproben ...

3) Testvariable(n) = Rendite
Gruppenvariable = Gruppe
Der Bereich von der Gruppe muss unter „Gruppen definieren" angeben werden: Gruppe 1=1, Gruppe 2=2; anschließend auf „Weiter" klicken.

4) Zum Testen klicken Sie auf „OK".
Der p-Wert 0,014 steht unter „Signifikanz" in der Ausgabe-Tabelle „Levene-Test der Varianzgleichheit".

Ausgabe

Test bei unabhängigen Stichproben

		Levene-Test der Varianzgleichheit		T-Test für die Mittelwertgleichheit					95% Konfidenzintervall der Differenz	
		F	Signifikanz	T	df	Sig. (2-seitig)	Mittlere Differenz	Standardfehler der Differenz	Untere	Obere
Rendite	Varianzen sind gleich	9,298	,014	,000	9	1,000	,00000	,10681	-,24161	,24161
	Varianzen sind nicht gleich			,000	4,411	1,000	,00000	,11690	-,31298	,31298

7 Test auf Gleichheit zweier Erwartungswerte

Hauptaufgabe: Es soll die Gleichheit zweier Erwartungswerte/Mittelwerte mit einem Test überprüft werden. Die Variablen dürfen wie folgt skaliert sein:

nominal: nein
ordinal: nein
metrisch: ja

Des Weiteren müssen die beiden Variablen, deren Mittelwerte/Erwartungswerte verglichen werden, normalverteilt sein. Die Normalverteilung kann in SPSS für jede der beiden Variablen mit dem Lilliefors-Test und/oder dem Shapiro-Wilk-Test überprüft werden.

Möchten wir bei zwei stochastisch unabhängigen Variablen prüfen, ob deren Mittelwerte gleich sind oder nicht, so müssen wir vorab zum Beispiel mit dem Levene-Test klären, ob Gleichheit oder Ungleichheit der Varianzen vorliegt. Sind die Varianzen gleich (Homogenität der Varianzen), so wird die Mittelwertgleichheit anhand eines sogenannten *t*-Tests überprüft. Sind die Varianzen ungleich (Heterogenität der Varianzen), so wird die Mittelwertgleichheit anhand des sogenannten **Welch-Tests** überprüft.

Wir betrachten zuerst den Fall, dass Homogenität der Varianzen vorliegt.

7.1 Zweiseitiger Test, falls Varianzen gleich sind (*t*-Test)

Im Folgenden nehmen wir an, dass die Varianzen der beiden Variablen gleich groß (Homogenität) sind.

Soll jetzt die Gleichheit der beiden Erwartungswerte überprüft werden, so wird dieser Test als *t*-Test bezeichnet, weil der *p*-Wert mit der sogenannten *t*-Verteilung berechnet wird.

Wir werden den *t*-Test anhand des folgenden Beispiels kennenlernen.

Beispiel 7.1 (*Geburt_Raucherstatus_35_41.sav* aus Daniel [2004] p. 464)
Wenn eine Mutter (oder ein Vater) während der Schwangerschaft raucht, so schadet sie sich und der Gesundheit ihres ungeborenen Kindes. Für den Arzt oder die Ärztin ist dies nach der Geburt deutlich erkennbar an der Farbe der Plazenta: Die Plazenta ist schwarz statt rot.

Wir bezeichnen mit X das Geburtsgewicht eines Neugeborenen einer Nichtraucher-Mutter und mit Y das Geburtsgewicht eines Neugeborenen einer Raucher-Mutter.

Der Ausdruck „Im Mittel" steht statistisch gesehen dafür, dass die Erwartungswerte gemeint sind:

μ_x= erwartetes Geburtsgewicht (in g) eines Nichtraucherkinds

μ_y= erwartetes Geburtsgewicht (in g) eines Raucherkinds

Wir möchten dazu die Nullhypothese testen, das mittlere Geburtsgewicht von Nichtraucherkindern und von Raucherkindern unterscheidet sich nicht:

Zweiseitiger Test *t*-Test bei unabhängigen Stichproben:
H_0 : Im Mittel keine Unterschiede im Geburtsgewicht von
Raucher- und Nichtraucherkindern
kurz: $\mu_x - \mu_y = 0$
gegen
H_1 : Im Mittel gibt es einen Unterschied im Geburtsgewicht
von Raucher-und Nichtraucherkindern
kurz: $\mu_x - \mu_y \neq 0$
Ablehnung von $H_0 \Leftrightarrow p$-Wert $\leq 0{,}05$

Die Nullhypothese besagt somit, dass die Werte μ_x und μ_y sich nicht unterscheiden, d.h. $\mu_x = \mu_y$. Unter H_0 ist zu erwarten, dass ein Nichtraucherkind und ein Raucherkind dieselben Geburtsgewichte haben. Oder anders ausgedrückt, dass die Differenz $\mu_x - \mu_y = 0$ beträgt.

Um die Nullhypothese zu testen, benötigen wir eine Stichprobe. In einer Untersuchung (vgl. Daniels [2004] p. 464) wurden 28 ($n_x = 16$, $n_y = 12$) Geburten aufgenommen, bei denen die Geburt nach der 34. und vor der 42. Schwangerschaftswoche erfolgte. Es wurde das Geburtsgewicht (in g) des Neugeborenen festgehalten und der Raucher-Status der Mutter erfasst. Es ergaben sich folgende Daten:

Nr.	Gewicht	Status	Nr.	Gewicht	Status
1	3 330	N=1	15	2 619	N
2	3 450	N	16	2 841	N
3	3 130	N	17	2 940	R=2
4	3 226	N	18	2 420	R
5	2 729	N	19	2 760	R
6	3 410	N	20	2 440	R
7	3 095	N	21	2 715	R
8	3 244	N	22	3 130	R
9	2 520	N	23	2 928	R
10	3 523	N	24	3 446	R
11	2 920	N	25	2 957	R
12	3 040	N	26	2 580	R
13	3 322	N	27	3 175	R
14	3 459	N	28	2 740	R

Als Voraussetzung für den späteren t-Test überprüfen wir die Normalverteilung von X=Geburtsgewicht eines Kindes einer Nichtraucher-Mutter und Y=Geburtsgewicht eines Kindes einer Raucher-Mutter. Für die Nichtraucherkinder beträgt die Schiefe $S = -0{,}569$ (d.h. keine Testempfehlung) und der p-Wert des Shapiro-Wilk-Tests beträgt 0,317. Für die Raucherkinder betragen die Schiefe $S = 0{,}342$ und Kurtosis $K = -0{,}234$; der p-Wert des Shapiro-Wilk-Tests beträgt 0,867. D.h. in beiden Fällen liegt eine Normalverteilung vor.

Die arithmetischen Mittel und Standardabweichungen betragen:

$\overline{x} = 3\,116{,}1250$

$$\overline{y} = 2\,852{,}5833$$
$$s_x = 313{,}09783$$
$$s_y = 305{,}86969$$
$$\overline{x} - \overline{y} = 263{,}5417$$

d.h. im Durchschnitt sind die Nichtraucherkinder 264 g schwerer.

Der p-Wert des Levene-Tests beträgt 0,845; d.h. es liegt Gleichheit/Homogenität der Varianzen vor: $\sigma_x^2 = \sigma_y^2$ und somit $\sigma_x = \sigma_y$. Ferner gehen wir davon aus, dass die statistischen Variablen X und Y stochastisch unabhängig sind.

Der p-Wert wird über die t-Verteilung ermittelt und beträgt:

$$2 \cdot P_{n_x+n_y-2}\left(t > \left| \frac{\overline{x}-\overline{y}}{\sqrt{(\frac{n_x-1}{n_x+n_y-2}s_x^2 + \frac{n_y-1}{n_x+n_y-2}s_y^2)(1/n_x+1/n_y)}} \right| \right)$$
$$= 2 \cdot P_{26}(t > 2{,}225742) = 2 \cdot 0{,}0175 = 0{,}035$$

d.h. der p-Wert ist gleich oder kleiner als 0,05; d.h. die Nullhypothese wird abgelehnt; d.h. das mittlere Geburtsgewicht von Nichtraucherkindern und Raucherkindern unterscheidet sich signifikant.

Interpretation: In der Stichprobe wogen Raucherkinder bei der Geburt im Durchschnitt 263,5417 g weniger als Nichtraucherkinder. Dieser Unterschied von 263,5417 g ist eine Aussage, die sich nur auf die Stichprobe bezieht. Wie es sich in der Grundgesamtheit, also mit dem nicht beobachteten Rest der Neugeborenen verhält, ist uns nicht bekannt. Jedoch reicht der Unterschied von 263,5417 g in der Stichprobe aus, dass der zweiseitige Test behaupten darf, dass in der Grundgesamtheit die Raucherkinder und die Nichtraucherkinder ein signifikant unterschiedliches mittleres Geburtsgewicht haben, falls die beiden Stichproben repräsentativ waren.

Nikotin-Aufnahme während der Schwangerschaft führt u.a. zu ähnlichen Verhaltensänderungen bei Babys wie ein Heroin- oder Crack-Konsum der Mutter. Mediziner der Brown University in Providence, Rhode Island, berichten in der Fachzeitschrift *Pediatrics* (Vol. 111, p. 1318), dass die untersuchten Babys bereits deutlich nervöser, leichter aufzuregen und schwerer zu beruhigen waren, wenn die werdenden Mütter sechs oder sieben Zigaretten täglich geraucht hatten.

7.2 Zweiseitiger Test, falls Varianzen ungleich sind (Welch-Test)

Folgert der Levene-Test aufgrund der Werte der empirischen Varianzen s_x^2 und s_y^2, dass die theoretischen Varianzen σ_x^2 und σ_y^2 ungleich sind, so führt SPSS für den Vergleich der beiden Erwartungswerte μ_x und μ_y den sogenannten Welch-Test durch.

Voraussetzungen für den Welch-Test sind: Normalverteilung einer jeden Variablen, stochastische Unabhängigkeit der Variablen, Heterogenität der Varianzen.

Beispiel 7.2 (*Internet_F_M.sav*)
Wir möchten die Frage klären, ob Frauen und Männer gleich viel Zeit im Internet verbringen.

Dazu betrachten wir die Zufallsvariablen:

X = Zeit (in h/Woche) eines Mannes im Internet

Y = Zeit (in h/Woche) einer Frau im Internet

Zweiseitiger Welch-Test

H_0 : Frauen und Männer sind im Mittel gleich lang im Internet

kurz: $\mu_x - \mu_y = 0$

versus

H_1 : Es Unterschiede zwischen den mittleren Verweildauern von Frauen und Männern im Internet

kurz: $\mu_x - \mu_y \neq 0$

Ablehnung von H_0 $\Leftrightarrow$ p-Wert $\leq 0{,}05$

Eine Umfrage unter acht Frauen und zwölf Männern ergab folgende Werte (in Stunden pro Woche):

Nr.	Zeit	Geschlecht
1	3	w=1
2	3,5	w
3	4	w
4	2,5	w
5	3	w
6	4,5	w
7	2,5	w
8	3	w
9	8	m=2
10	3	m
11	10	m
12	4	m
13	16	m
14	5	m
15	14	m
16	7,5	m
17	9	m
18	8	m
19	22	m
20	4	m

Als Voraussetzung für den späteren Welch-Test überprüfen wir die Normalverteilung von X=Internetzeit eines Mannes und Y=Internetzeit einer Frau. Für die Frauen betragen die Schiefe $S = 0{,}808$ und die Kurtosis $K = -0{,}229$; der p-Wert des Shapiro-Wilk-Tests beträgt 0,273. Für die Männer betragen die Schiefe $S = 1{,}163$ und Kurtosis $K = 1{,}066$; der Wert der Jarque-Bera-Teststatistik beträgt $T \approx \frac{12}{6}\left(1{,}163^2 + \frac{1{,}066^2}{4}\right) = 3{,}273 < 5{,}991$. D.h. in beide Tests lehnen die Annahme einer Normalverteilung nicht ab.

Ferner nehmen wir an, dass die beiden Variablen stochastisch unabhängig sind.

Der p-Wert des Levene-Tests beträgt 0,010; d.h. die Varianzen von X und Y sind ungleich/heterogen.

Die arithmetischen Mittel und Standardabweichungen betragen:

$$\overline{x} = 9{,}2083$$
$$\overline{y} = 3{,}25$$
$$s_x = 5{,}63858$$
$$s_y = 0{,}70711$$
$$n_x = 12$$
$$n_y = 8$$
$$\overline{x} - \overline{y} = 5{,}95833$$

d.h. im Durchschnitt sind Männer in der Woche etwa sechs Stunden länger im Internet als Frauen.

Die Teststatistik des Welch-Tests ist t-verteilt mit $\frac{(1+R)^2}{\frac{R^2}{n_x-1}+\frac{1}{n_y-1}} = 11{,}515$ Freiheitsgraden, wobei $R = \frac{s_x^2 \cdot n_y}{s_y^2 \cdot n_x} = \frac{5{,}63858^2 \cdot 8}{0{,}70711^2 \cdot 12} = 42{,}391\,06$ bezeichnet.

Somit beträgt der p-Wert des Welch-Tests:

$$p\text{-Wert} \quad = 2 \cdot P_{11{,}280}\left(t > \left| \frac{\overline{x}-\overline{y}}{\sqrt{s_x^2/n_x + s_y^2/n_y}} \right| \right)$$

$$= 2 \cdot P_{11{,}515}\left(t > |\,3{,}618\,| \right) = 0{,}004$$

d.h. Frauen und Männer verbringen im Mittel signifikant unterschiedlich viel Zeit im Internet.

Interpretation: In der Stichprobe waren Frauen im Durchschnitt 5,95833 Stunden kürzer im Internet als Männer. Dieser Unterschied von 5,95833 Stunden ist eine Aussage, die sich nur auf die Stichprobe bezieht. Wie es sich in der Grundgesamtheit, also mit dem nicht beobachteten Rest der Frauen und Männer verhält, ist uns nicht bekannt. Jedoch reicht der Unterschied von 5,95833 Stunden in der Stichprobe aus, dass der zweiseitige Test behaupten darf, dass in der Grundgesamtheit die Frauen und Männer sich im Mittel signifikant unterschiedlich lange im Internet aufhalten, falls beide Stichproben repräsentativ waren.

7.3 Einseitiger *t*-Test und einseitiger Welch-Test

Der Test, der die Gleichheit zweier Erwartungswerte überprüft, heißt zweiseitiger Test, weil die Gegenhypothese H_1 beide Möglichkeiten beinhaltet: Dass Nichtraucherkinder schwerer sind bzw. dass Nichtraucherkinder leichter sind als Raucherkinder (vgl. Beispiel 7.1).

Wurde mit Hilfe eines zweiseitigen Tests ein signifikanter Unterschied der beiden Erwartungswerte aufgedeckt, so stellt sich die Frage, welcher der beiden Erwartungswerte der größere bzw. welcher der kleinere Wert ist. Oder anders ausgedrückt: Ob Nichtraucherkinder signifikant schwerer bzw. ob Nichtraucherkinder signifikant leichter als Raucherkinder sind. Der Test, der die Richtung, d.h. $\mu_x - \mu_y > 0$ bzw. $\mu_x - \mu_y < 0$, aufdeckt, heißt einseitiger Test, weil unter H_1 nur die Seite links von Null bzw. nur die Seite rechts von Null als mögliche Menge für die Werte von $\mu_x - \mu_y$ infrage kommt.

Beispiel 7.3 (*Geburt_Raucherstatus_35_41.sav* aus Daniel [2004] p. 464)
In dem Beispiel 7.1 sind in der Stichprobe die Raucherkinder leichter als die Nichtraucherkinder. Wir möchten wissen, ob allgemein Raucherkinder signifikant leichter sind als Nichtraucherkinder. Von signifikanten Unterschieden sprechen wir, wenn eine Nullhypothese abgelehnt wird. Ziel ist es also, die Nullhypothese abzulehnen. Also muss die zu überprüfende Behauptung als Gegenhypothese formuliert werden:

Einseitiger *t*-Test bei zwei unabh. Stichproben:
H_0:   Geburtsgewicht von NR-Kindern $\leq$ Geburtsgewicht von R-Kindern; kurz: $\mu_X \leq \mu_Y$
versus
H_1:   Geburtsgewicht von NR-Kindern $>$ Geburtsgewicht von R-Kindern; kurz: $\mu_X > \mu_Y$
Ablehnung von H_0 $\Leftrightarrow$ p-Wert (einseitig) $\leq 0{,}05$

Bilden wir wieder die Differenz $X - Y$, so haben wir das folgende einseitige Testproblem:

H_0:   Geburtsgewicht von NR-Kindern minus
Geburtsgewicht von R-Kindern ≤ 0
kurz: $\mu_X - \mu_Y \leq 0$

H_1:   Geburtsgewicht von NR-Kindern minus
Geburtsgewicht von R-Kindern > 0
kurz: $\mu_X - \mu_Y > 0$

Die Ablehnung von H_0 erfolgt, wenn der p-Wert gleich oder kleiner als 0,05 ist. Wir testen wieder anhand der Stichprobe.

Der p-Wert wird über die t-Verteilung ermittelt und beträgt:

$$P_{n_x+n_y-2}\left(t > t\text{emp.}\right) = P_{26}(t > 2{,}226) = 0{,}0175$$

d.h. p-Wert $= 0{,}0175 \leq 0{,}05$; d.h. die Nullhypothese wird abgelehnt; d.h. das mittlere Geburtsgewicht von Raucherkindern ist signifikant geringer als das mittlere Geburtsgewicht von Nichtraucherkindern.

Den p-Wert für den einseitigen Test erhalten wir aus der SPSS-Ausgabe, indem wir den p-Wert des zweiseitigen Tests durch zwei dividieren:

$$p\text{-Wert (einseitig)} = \frac{p\text{-Wert (zweiseitig)}}{2} = \frac{0{,}035}{2} = 0{,}0175$$

Interpretation: In der Stichprobe wogen Raucherkinder bei der Geburt im Durchschnitt 263,5417 g weniger als Nichtraucherkinder. Dieser Unterschied von 263,5417 g ist eine Aussage, die sich nur auf die Stichprobe bezieht. Wie es sich in der Grundgesamtheit, also mit dem nicht beobachteten Rest der Neugeborenen verhält, ist uns nicht bekannt. Jedoch reicht der Unterschied von 263,5417 g in der Stichprobe aus, dass der einseitige Test behaupten darf, dass in der Grundgesamtheit das mittlere Geburtsgewicht von Raucherkindern signifikant kleiner ist als das mittlere Geburtsgewicht von Nichtraucherkindern, falls beide Stichproben repräsentativ waren.

Wenn ein t-Test oder ein Welch-Test zeigen, dass sich zwei Erwartungswerte μ_X und μ_Y signifikant unterscheiden, so stellt sich unmittelbar die Frage, welches Vorzeichen die Differenz $\mu_X - \mu_Y$ hat.

Beispiel 7.4 (*workers.sav* aus Anderson et al. [2017] p. 354)

Beziehen Gewerkschaftsmitglieder und Nicht-Gewerkschaftsmitglieder den gleichen Stundenlohn?

In der Datei *workers.sav* wurde der Stundenlohn von $n_x = 15$ Gewerkschaftsmitgliedern und $n_y = 20$ Nicht-Gewerkschaftsmitgliedern erfasst:

Gewerkschaftsmitglieder

22,40	18,90	16,70	14,05	16,20	20,00	16,10	16,30
19,10	16,50	18,50	19,80	17,00	14,30	17,20	

Nicht-Gewerkschaftsmitglieder

17,60	14,40	16,60	15,00	17,65	15,00	17,55	13,30
11,20	15,90	19,20	11,85	16,65	15,20	15,30	17,00
15,10	14,30	13,90	14,50				

Die Varianzen der beiden Variablen X= „Stundenlohn eines Gewerkschaftsmitglieds" und Y= „Stundenlohn eines Nicht-Gewerkschaftsmitglieds" sind homogen, da der p-Wert des Levene-Tests 0,526 beträgt.

Die NV der Stundenlöhne ist wie folgt gesichert:

Gewerkschafts-	p-Wert	
mitglied	Lilliefors-Test	Shapiro-Wilk-Test
ja	$\geq 0,2$	0,651
nein	$\geq 0,2$	0,860

Wir bezeichnen mit μ_X= „Erwartungswert des Stundenlohns eines Gewerkschaftsmitglieds" und mit μ_Y= „Erwartungswert des Stundenlohns eines Nicht-Gewerkschaftsmitglieds", dann lautet der zweiseitige t-Test:

$$H_0 : \mu_X - \mu_Y = 0 \text{ versus } H_1 : \mu_X - \mu_Y \neq 0$$
$$\text{Ablehnung von } H_0 \Leftrightarrow p\text{-Wert} \leq \alpha$$

Anmerkung: Dieser Test heißt „zweiseitiger" Test aufgrund der Alternative H_1, weil H_1 beide Seiten der Null umfasst: kleiner Null und größer Null. SPSS bezeichnet einen zweiseitigen Test als „two-tailed" Test, in der Fachliteratur hingegen heißt ein zweiseitiger Test „two-sided test".

Der p-Wert des zweiseitigen t-Tests beträgt 0,005, d.h. es liegt ein signifikanter Unterschied zwischen den Stundenlöhnen eines Gewerkschaftsmitglieds und eines Nicht-Gewerkschaftsmitglieds vor.

Und welche Gruppe bezieht den höheren Stundenlohn? Wir möchten das Vorzeichen der Differenz kennen, ist die Differenz $\mu_X - \mu_Y$ negativ oder positiv?

In der Stichprobe befinden sich fünfzehn Gewerkschaftsmitglieder mit einem durchschnittlichen Stundenlohn von 17,5367 GE pro Stunde und zwanzig Nicht-Gewerkschaftsmitglieder mit einem Stundenlohn von 15,36 GE pro Stunde. Also ist in der Stichprobe der Stundenlohn von Gewerkschaftsmitgliedern höher. Gilt dieser Unterschied nicht nur für die Stichprobe, sondern auch für die Grundgesamtheit? Um darauf eine Antwort zu finden, führen wir den einseitigen t-Test durch. Die Alternative des einseitigen t-Tests ist die Behauptung: Gewerkschaftsmitglieder erhalten einen höheren Stundenlohn als Nicht-Gewerkschaftsmitglieder. Und die Nullhypothese ist die gegenteilige Behauptung: Gewerkschaftsmitglieder erhalten nicht einen höheren Stundenlohn als Nicht-Gewerkschaftsmitglieder.

Einseitiger t-Test:

$$H_0 : \mu_X - \mu_Y \leq 0 \text{ versus } H_1 : \mu_X - \mu_Y > 0$$
$$\text{Ablehnung von } H_0 \Leftrightarrow p\text{-Wert (einseitig)} \leq \alpha$$

wobei für den p-Wert des einseitigen Tests gilt:

$$p\text{-Wert (einseitig)} = \frac{p\text{-Wert (zweiseitiger Test)}}{2} = \frac{0,005}{2} = 0,0025 \leq 0,05$$

d.h. der erwartete Stundenlohn eines Gewerkschaftsmitglieds ist signifikant höher als der erwartete Stundenlohn eines Nicht-Gewerkschaftsmitglieds; d.h. Gewerkschaftsmitglieder erhalten einen signifikant höheren mittleren Stundenlohn als Nicht-Gewerkschaftsmitglieder.

Anmerkung: Dieser Test heißt „einseitiger" Test aufgrund der Alternative H_1, weil H_1 nur eine der beiden Seiten der Zahl Null umfasst: größer Null.

7.4 Zusammenfassung

Der t-Test überprüft die Gleichheit zweier Erwartungswerte, falls die beiden zugehörigen theoretischen Varianzen gleich groß sind. Der Welch-Test überprüft die Gleichheit zweier Erwartungswerte, falls die beiden zugehörigen theoretischen Varianzen nicht gleich groß sind.

SPSS orientiert sich bei der Formulierung der Gegenhypothese eines einseitigen Tests an der Datenlage in der Stichprobe. Sind in der Stichprobe die Werte von X im Durchschnitt größer als die Werte von Y, so lautet die Gegenhypothese des einseitigen Tests, dass die Werte von X im Mittel größer sind als die Werte von Y. Sind hingegen in der Stichprobe die Werte von X im Durchschnitt kleiner als die Werte von Y, so lautet die Gegenhypothese des einseitigen Tests, dass die Werte von X im Mittel kleiner sind als die Werte von Y.

		Testwert = 0
Stichprobe	Test	Testproblem
	zweiseitig	$H_0 : \mu_x - \mu_y = 0$ gegen $H_1 : \mu_x - \mu_y \neq 0$ p-Wert (zweiseitig)
$\overline{x} > \overline{y}$	einseitig	$H_0 : \mu_x - \mu_y \leq 0$ gegen $H_1 : \mu_x - \mu_y > 0$ p-Wert (einseitig) $= 0{,}5 \cdot p$-Wert (zweiseitig)
$\overline{x} < \overline{y}$	einseitig	$H_0 : \mu_x - \mu_y \geq 0$ gegen $H_1 : \mu_x - \mu_y < 0$ p-Wert (einseitig) $= 0{,}5 \cdot p$-Wert (zweiseitig)

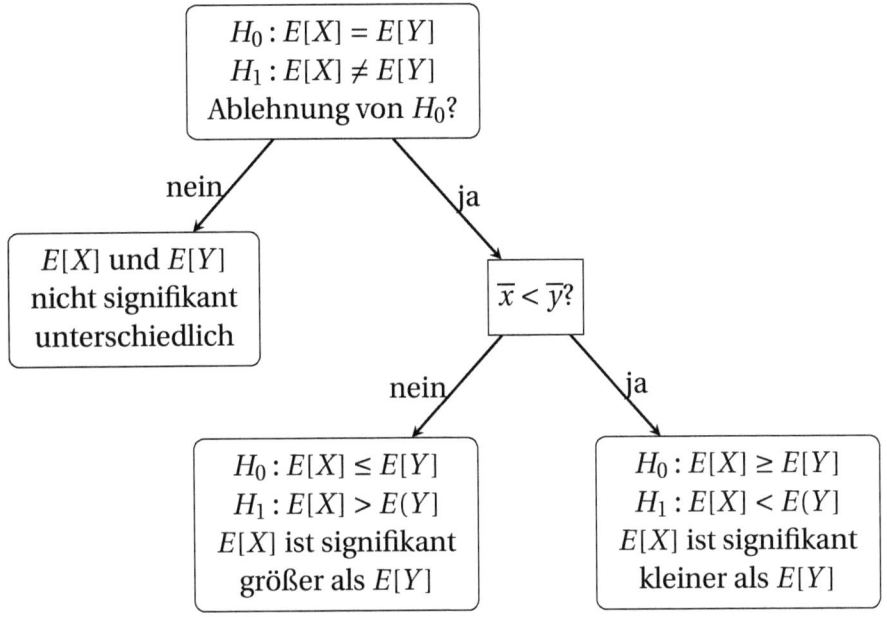

(Falls die Voraussetzung der Normalverteilung nicht erfüllt ist, so siehe Kapitel 11.1.)

7.5 SPSS Befehle

Eingabe

Wir möchten anhand der Stichprobe aus Beispiel 7.1 prüfen, ob das mittlere Geburtsgewicht von Kindern von Nichtraucher-Müttern und Raucher-Müttern gleich ist. In der SPSS-Daten-Ansicht muss der Datensatz wie folgt eingegeben werden:

Nr.	Gewicht	Gruppe
1	3 330	1
2	3 450	1
3	3 130	1
⋮	⋮	⋮
16	2 841	1
17	2 940	2
⋮	⋮	⋮
28	2 740	2

Entstammen die Stichproben nicht aus Normalverteilungen, so sollten die Stichprobenumfänge n_x und n_y mindestens dreißig betragen (Faustregel des Zentralen Grenzwertsatzes). Außerdem müssen die Variablen X, Y stochastisch unabhängig sein.

Befehle

1) Öffnen Sie das Beispiel „Geburt_Raucherstatus_35_41.sav"

2) Analysieren → Mittelwerte vergleichen → T-Test bei unabhängigen Stichproben ...

3) Testvariable = Gewicht
   Gruppenvariable = Gruppe
   Der Bereich der Gruppe muss unter „Gruppen definieren" angegeben werden: Gruppe 1=1, Gruppe 2=2; anschließend auf „Weiter" klicken.

4) Zum Testen klicken Sie auf „OK".
   Der p-Wert 0,035 des zweiseitigen Tests steht unter „Signifikanz (2-seitig)" in der Ausgabe-Tabelle „T-Test für die Mittelwertgleichheit" in der Zeile „Varianzen sind gleich".

Ausgabe ⚠ SPSS bezeichnet sowohl den t-Test als auch den Welch-Test als T-Test. Sodass die Unterscheidung, welcher der beiden Tests durchgeführt werden soll, erst beim Ablesen des p-Werts in der Zeile „Varianzen sind gleich" (t-Test für Beispiel 7.1) oder in der Zeile „Varianzen sind nicht gleich" (Welch-Test für Beispiel 7.2) der SPSS-Ausgabe-Tabelle getroffen wird. Insb. sind die SPSS-Eingaben für den t-Test und den Welch-Test identisch.

Ausgabe Geburtsgewicht

Test bei unabhängigen Stichproben

		Levene-Test der Varianzgleichheit		T-Test für die Mittelwertgleichheit					95% Konfidenzintervall der Differenz	
		F	Signifikanz	T	df	Sig. (2-seitig)	Mittlere Differenz	Standardfehler der Differenz	Untere	Obere
Gewicht	Varianzen sind gleich	,039	,845	2,226	26	,035	263,54167	118,40625	20,15414	506,92919
	Varianzen sind nicht gleich			2,233	24,147	,035	263,54167	117,99681	20,08645	506,99689

Ausgabe Internetzeiten

Test bei unabhängigen Stichproben

		Levene-Test der Varianzgleichheit		T-Test für die Mittelwertgleichheit					95% Konfidenzintervall der Differenz	
		F	Signifikanz	T	df	Sig. (2-seitig)	Mittlere Differenz	Standardfehler der Differenz	Untere	Obere
Gewicht	Varianzen sind gleich	8,165	,010	-2,947	18	,009	-5,95833	2,02195	-10,20630	-1,71036
	Varianzen sind nicht gleich			-3,618	11,515	,004	-5,95833	1,64680	-9,56324	-2,35342

8 Regressionsanalyse

Hauptaufgabe: Es wird vermutet, dass sich der Wert einer Variablen Y bestimmen lässt durch eine Linearkombination von Werten $x_1, x_2, \ldots, x_p$ mehrerer Variablen:

$$Y \approx b_0 + b_1 \cdot x_1 + b_2 \cdot x_2 + \ldots b_p \cdot x_p$$

Ziel ist es, diese Linearkombination zu bestimmen, um Prognosen für den Wert von Y zu erhalten.

Weil die Variable Y abhängt von den Werten der Variablen $X_1, X_2, \ldots X_p$, wird die Variable Y auch als abhängige Variable bezeichnet. Die Variablen $X_1, X_2, \ldots X_p$ werden demzufolge als unabhängige Variablen bezeichnet.

Die Parameter $b_1, b_2, \ldots, b_p$ werden als **Regressionskoeffizienten** bezeichnet, der Parameter b_0 heißt Konstante.

⚠ Es wird bei unabhängigen Variablen unterschieden, ob sie in einem linearen Modell den Wert einer weiteren Variablen erklären oder ob sie stochastisch unabhängig sind. Diese beiden Begriffe der Unabhängigkeit dürfen nicht verwechselt werden.

8.1 Multiple lineare Regression

Die abhängige Variable Y darf wie folgt skaliert sein:

nominal:	nein
ordinal:	nein
metrisch:	ja

Die unabhängigen Variablen $X_1, \ldots, X_p$ dürfen wie folgt skaliert sein:

nominal:	nein
ordinal:	nein
metrisch:	ja

Den Datensatz aus dem Beispiel 8.1 werden wir zum Kennenlernen der Regressionsanalyse untersuchen, indem wir zunächst im Kapitel 8.1.1 von eimem Modell mit nur einer unabhängigen Variable ausgehen und anschließend im Kapitel 8.1.2 die Anzahl der unabhängigen Variablen erhöhen.

Beispiel 8.1 (*Miles_Per_Gallon.sav* aus Berenson et al. [2015] p. 671)
Ein Verbraucherverband möchte klären, in welchem Umfang der Kraftstoffverbrauch eines Autos abhängt von dem Leergewicht sowie der PS-Zahl des Autos.

Dazu wurde bei fünfzig verschiedenen Pkw-Modellen die Anzahl der Meilen gemessen, die mit einer Gallone (3,785411784 Liter) Benzin zurückgelegt wurden (kurz: MPG) sowie das Leergewicht des Pkw (in pounds) und die PS-Anzahl. (Ein britisches Pfund wiegt 453,59237 Gramm.)

$$Y = \text{MPG}$$
$$X_1 = \text{Leergewicht}$$
$$X_2 = \text{PS}$$

Ziel einer Regression ist immer, möglichst wenige unabhängige Variablen im Modell aufzunehmen. Wie wir später sehen werden, ist die Korrelation zwischen Meilenanzahl und Leergewicht stärker als die Korrelation zwischen Meilenanzahl und PS-Anzahl. Deshalb wird zuerst die unabhängige Variable X_1=„Leergewicht" (und nicht X_2 = „PS-Anzahl") im Modell aufgenommen.

Es ergaben sich die folgenden Daten:

Nr.	MPG	PS	Gewicht	Nr.	MPG	PS	Gewicht
1	43,1	48	1985	26	23,9	90	3420
2	19,9	110	3365	27	29,9	65	2380
3	19,2	105	3535	28	30,4	67	3250
4	17,7	165	3445	29	36,0	74	1980
5	18,1	139	3205	30	22,6	110	2800
6	20,3	103	2830	31	36,4	67	2950
7	21,5	115	3245	32	27,5	95	2560
8	16,9	155	4360	33	33,7	75	2210
9	15,5	142	4054	34	44,6	67	1850
10	18,5	150	3940	35	32,9	100	2615
11	27,2	71	3190	36	38,0	67	1965
12	41,5	76	2144	37	24,2	120	2930
13	46,6	65	2110	38	38,1	60	1968
14	23,7	100	2420	39	39,4	70	2070
15	27,2	84	2490	40	25,4	116	2900
16	39,1	58	1755	41	31,3	75	2542
17	28,0	88	2605	42	34,1	68	1985
18	24,0	92	2865	43	34,0	88	2395
19	20,2	139	3570	44	31,0	82	2720
20	20,5	95	3155	45	27,4	80	2670
21	28,0	90	2678	46	22,3	88	2890
22	34,7	63	2215	47	28,0	79	2625
23	36,1	66	1800	48	17,6	85	3465
24	35,7	80	1915	49	34,4	65	3465
25	20,2	85	2965	50	20,6	105	3380

Miles_Per_Gallon.sav

Wir möchten anhand der Variablen „Leergewicht" eines Autos die Anzahl der Meilen vorhersagen, die dieses Auto mit einer Gallone Kraftstoff zurücklegen kann.

8.1.1   Eine unabhängige Variable

Eine Linearkombination $Y \approx b_0 + b_1 \cdot x_1$ mit genau einer unabhängigen Variablen wird als einfaches lineares Regressionsmodell bezeichnet.

Beispiel 8.2 (*Miles_Per_Gallon.sav* aus Berenson et al. [2015] p. 671)
Wir gehen davon aus, dass der Kraftstoffverbrauch sich alleine erklären lässt durch das Leergewicht des Pkw. Dazu betrachten wir das sogenannte Streudiagramm. Auf der *x*-Achse sind die Werte der Variablen Leergewicht abgetragen, auf der *y*-Achse die Werte der Variablen MPG:

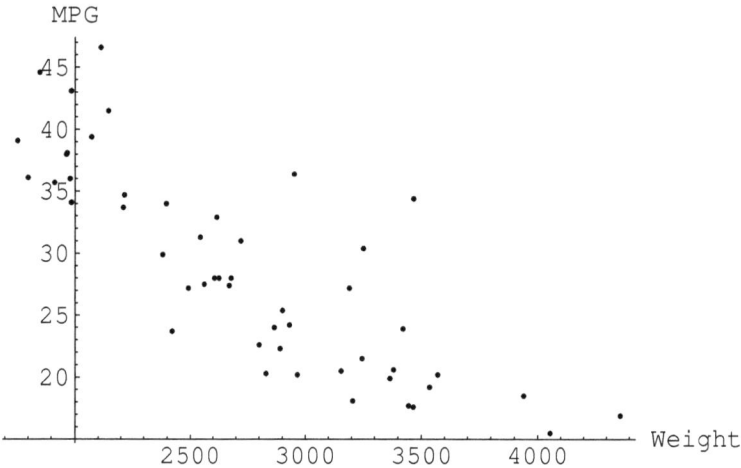

Die Punktewolke legt nahe, dass die Daten durch eine fallende Gerade beschrieben werden können.

Linearer Zusammenhang

Bei einem einfachen linearen Regressionsmodell $Y \approx b_0 + b_1 \cdot x_1$ wird ein linearer Zusammenhang zwischen den *y*-Werten und den *x*-Werten unterstellt. Diese Annahme kann anhand des bivariaten Datensatzes überprüft werden.

Der Wert des Korrelationskoeffizienten von Bravais-Pearson zeigt an, ob ein linearer Zusammenhang zwischen der abhängigen Variablen Y und der unabhängigen Variablen X_1 besteht.

Beispiel 8.3 (*Miles_Per_Gallon.sav* aus Berenson et al. [2015] p. 671)
Der Wert $-0{,}825$ gibt die Korrelation zwischen Kraftstoffverbrauch Y und Leergewicht X_1 an; d.h. es liegt ein starker negativer linearer Zusammenhang vor. Das negative Vorzeichen der Korrelation besagt, je größer die Wer-

te von X_1 sind, desto kleiner sind die Werte von Y; d.h. je schwerer das Auto, desto weniger Meilen kann es pro Gallone Benzin zurücklegen.

Das einfache lineare Regressionsmodell ist ein adäquates Modell, falls ein starker linearer Zusammenhang zwischen Y und X_1 vorliegt. Ist hingegen der lineare Zusammenhang nur mittelstark oder schwach, so muss nach einem anderen Modell, das keinen linearen Zusammenhang zwischen Y und X_1 unterstellt, gesucht werden.

Beispiel 8.4 (*Miles_Per_Gallon.sav* aus Berenson et al. [2015] p. 671)
Die Korrelation $r(\text{weight}, \text{horsepower}) = 0{,}742$ zwischen Leergewicht und PS-Anzahl ist eine Scheinkorrelation: Würden wir nur Autos betrachten, die mit einer Gallone Kraftstoff dieselbe Reichweite (gemessen in Meilen) haben, so würde die Korrelation 0,264 (statt 0,742) betragen. Um nicht erneut eine Umfrage starten zu müssen, in der lediglich Autos mit derselben Reichweite betrachtet werden, lässt sich der Einfluss der Variablen Reichweite durch die sogenannte **partielle Korrelation** herausrechnen; d.h. die partielle Korrelation zwischen Leergewicht und PS-Anzahl mit Reichweite als Kontrollvariablen beträgt 0,264.

SPSS bezeichnet in diesem Zusammenhang die Korrelation nach Bravais-Pearson als „Korrelation nullter Ordnung" und die partielle Korrelation als „Korrelation erster Ordnung".

Im Beispiel 8.3 haben wir zwischen MPG und Weight eine Korrelation von $r(\text{MPG}, \text{Weight}) = -0{,}825$ erhalten. Würden nur Autos mit derselben PS-Anzahl betrachtet, so wäre −0,582 die Korrelation zwischen Reichweite und Leergewicht; d.h. die partielle Korrelation zwischen Reichweite und Leergewicht mit der Kontrollvariablen Horsepower beträgt −0,582.

Die Korrelation $r(\text{MPG}, \text{Horsepower})$ zwischen MPG und Horsepower beträgt −0,788. Würden nur Autos mit demselben Leergewicht betrachtet, so wäre die Korrelation zwischen MPG und Horsepower −0,465; d.h. die partielle Korrelation zwischen MPG und Horsepower mit der Kontrollvariablen Weight beträgt −0,465.

Prognosen

Falls der Y-Wert linear abhängt vom Wert der Variablen X_1, lässt sich der Zusammenhang zwischen Y und X_1 durch eine Gerade ausdrücken.

Beispiel 8.5 (*Miles_Per_Gallon.sav* aus Berenson et al. [2015] p. 671)
Wir betrachten das folgende lineare Modell:

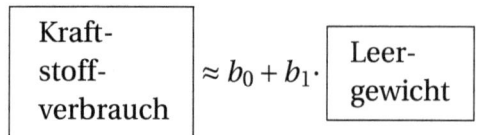

bzw.:

$$\text{Modell: } Y \approx b_0 + b_1 \cdot x_1$$

Die Werte von b_0 und b_1 können nicht berechnet, sondern lediglich geschätzt werden. Wir werden die Werte von b_0 und b_1 mit der Methode der kleinsten Quadrate schätzen und die geschätzten Werte mit $\widehat{b}_0$ und $\widehat{b}_1$ bezeichnen. (Es ist in der Statistik üblich, für geschätzte Parameterwerte ein Dach über dem Parameter zu verwenden.) Die Methode der kleinsten Quadrate legt durch die Punktewolke derart eine Gerade, sodass die Summe der senkrechten quadrierten Abstände der Punkte von der Geraden minimal ist:

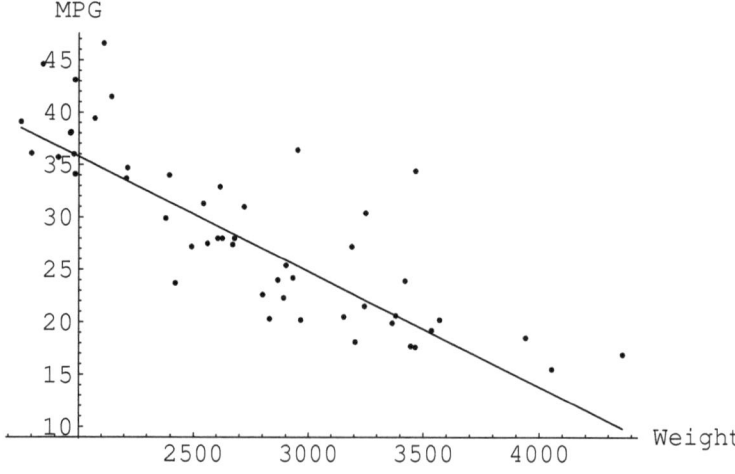

Die aufgrund der Methode der kleinsten Quadrate berechneten Schätzwerte sind eindeutig:

$$\hat{b}_0 = 57{,}797$$
$$\hat{b}_1 = -0{,}011$$

Der Wert des Regressionskoeffizienten $\hat{b}_1$ lässt sich wie folgt interpretieren: Steigt das Leergewicht um ein britisches Pfund, so sinkt die Anzahl der pro Gallone Benzin zurückgelegten Meilen um 0,011 Meilen.

Die Gerade $y = 57{,}797 - 0{,}011 \cdot x$ wird als **Regressionsgerade** bezeichnet.

Mit Hilfe der Regressionsgeraden lassen sich Prognosen abgeben. Mit welcher Anzahl zurückgelegter Meilen pro einer Gallone Kraftstoffverbrauch ist bei einem Pkw zu rechnen, der 2 250 britische Pfund wiegt?

$$57{,}797 - 0{,}011 \cdot 2\,250 = 33{,}9$$

d.h. es ist damit zu rechnen, dass dieser Pkw 33,9 Meilen mit einer Gallone Benzin fährt.

Und mit welcher Anzahl zurückgelegter Meilen pro einer Gallone Kraftstoffverbrauch ist bei einem Pkw zu rechnen, der 4 500 britische Pfund wiegt?

$$57{,}797 - 0{,}011 \cdot 4\,500 = 10{,}03825$$

d.h. es ist damit zu rechnen, dass dieser Pkw 10 Meilen mit einer Gallone Benzin fährt.

Sind die Werte 33,9 Meilen und 10 Meilen gute oder schlechte Prognosewerte?

Wir möchten wissen, ob ein Prognosewert als zuverlässig anzusehen ist. Dazu muss geprüft werden, ob es sich bei dem Prognosewert um einen inter- oder extrapolierten Wert handelt und welche Stärke die Korrelation hat.

Weil das Leergewicht 4 500 Pfund nicht zwischen dem kleinsten beobachteten Leergewicht 1 755 = Minimum und dem größten beobachteten Leergewicht 4 360 = Maximum liegt, wird der Prognosewert von 10 Meilen auch als **extrapolierter** Wert bezeichnet. Extrapolierte Werte gelten immer als nicht zuverlässig. Deshalb sind die für einen Pkw mit 4 500 Pfund Leergewicht vorhergesagten 10 Meilen pro einer Gallone Kraftstoff eine nicht zuverlässige Prognose.

Im Gegensatz dazu sind die prognostizierten 33,9 Meilen ein **interpolierter** Wert, weil das Leergewicht 2 250 Pfund in dem Intervall [1 755;4 360] liegt. Ferner handelt es sich bei der Korrelation $r = -0,825$ zwischen gasoline mileage und weight um eine starke Korrelation. Ein interpolierter Prognosewert bei gleichzeitig starker Korrelation gilt aus statistischer Sicht als zuverlässig. Deshalb sind die vorhergesagten 33,9 Meilen pro einer Gallone Kraftstoff für einen Pkw mit einem Leergewicht von 2 250 Pfund ein zuverlässiger Prognosewert.

Fazit: Ein vorhergesagter Wert gilt als zuverlässig, wenn die folgenden zwei Bedingungen erfüllt sind:

Zuverlässig

Typ der Vorhersage	Korrelation		
	schwach	mittel	stark
Interpolation	nein	nein	ja
Extrapolation	nein	nein	nein

Heteroskedastie

Der Regressionskoeffizient b_1 aus dem Modell $Y \approx b_0 + b_1 \cdot x_1$ wurde mit der Methode der kleinsten Quadrate geschätzt. Diese Methode ist nur dann sinnvoll, wenn die Punkte im Streudiagramm nicht zunehmend weiter entfernt von der Regressionsgeraden liegen.

Der Fall, dass die Punkte im Streudiagramm zunehmend weiter entfernt von der Regressionsgerade liegen, wird als **Heteroskedastie** (auch Heteroskedastizität) bezeichnet. Der Fall, dass die Punkte im Streudiagramm gleich stark um die Regressionsgerade schwanken/streuen, wird als **Homoskedastie** (auch Homoskedastizität) bezeichnet.

Die Maßzahl, die misst, wie stark die Schwankungen eines Datensatzes sind, heißt **Varianz**.

Beispiel 8.6

So hat z.B. der Datensatz 2,2,3,1,2, eine geringere empirische Varianz als der Datensatz 2,3,1,3,1; d.h. der erste Datensatz schwankt weniger um $\overline{x} = 2$

als der zweite Datensatz.

Die Differenzen $y_i - (\widehat{b_0} + \widehat{b_1} \cdot x_i)$ zwischen beobachteten Meilen und vorhergesagten Meilen werden als **Residuen** bezeichnet. Es gibt eine Vielzahl von Methoden, die Werte von b_0 und b_1 zu schätzen. Die hier zum Schätzen verwendete Methode der kleinsten Quadrate ist nur dann angebracht, wenn die (theoretischen) Residuen $Y_1 - (b_0 + b_1 \cdot x_1), \ldots, Y_n - (b_0 + b_1 \cdot x_n)$ zufällige Größen sind mit gleich bleibenden (Homoskedastie) theoretischen Varianzen $\sigma_1^2 = \sigma^2, \ldots, \sigma_n^2 = \sigma^2$.

Beispiel 8.7 (*Miles_Per_Gallon.sav* aus Berenson et al. [2015] p. 671)
Betrachten wir das Streudiagramm mit der eingezeichneten Regressionsgerade für das Modell MPG $\approx b_0 + b_1 \cdot$ Leergewicht:

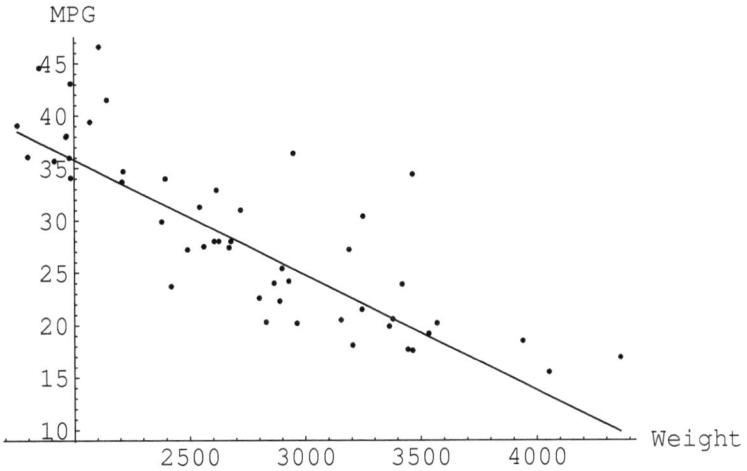

Die Punkte schwanken mehr oder minder gleich stark um die Regressionsgerade, d.h. es liegt Homoskedastie vor.

Eine Form von Heteroskedastie (ungleiche theoretischen Varianzen $\sigma_1^2, \ldots, \sigma_n^2$) ist, dass die Distanzen zwischen dem beobachteten Wert y_i und dem vorhergesagten Wert $\widehat{b_0} + \widehat{b_1} \cdot x_i$ immer größer werden.

Beispiel 8.8
Betrachten wir folgende Datenpaare:

x_1	y
1	2
2	2
3	9
4	4
5	15
6	6
7	21
8	8
9	27
10	10

Mit der Methode der kleinsten Quadrate ergibt sich die folgende Regressionsgerade:

$$y = 0{,}933 + 1{,}721 \cdot x_1$$

Wir zeichnen die Regressionsgerade in das Streudiagramm ein:

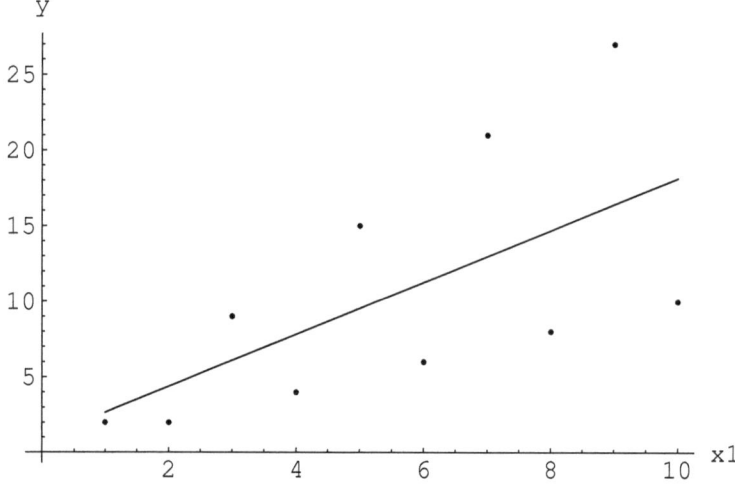

Je größer die x_1-Werte werden, umso weiter liegen die Punkte entfernt von der Geraden. An dieser Keilform der Punkte lässt sich erkennen, dass Heteroskedastie vorliegt. D.h. für die Schätzung der Konstanten b_0 und des Regressionskoeffizienten b_1 sollte eine andere Methode als die Methode der kleinsten Quadrate herangezogen werden.

Hebelwerte

Datenpunkte (x_i, y_i) eines bivariaten Datensatzes $(x_1, y_1), \dots, (x_n, y_n)$, die bei Verschiebung des y-Wertes nach oben oder unten die Steigung der Regressionsgeraden massiv beeinflussen, werden auch als Datenpunkte mit großen Hebelwerten bezeichnet. SPSS gibt für jedes Datenpaar (x_i, y_i) an, welchen Einfluss es auf die Steigung der Regressionsgeraden hat. Das ist deshalb wichtig, weil Ausreißer den Verlauf der Regressionsgeraden enorm verfälschen können.

Beispiel 8.9

Betrachten wir den Datensatz $(x_1, y_1), \dots, (x_4, y_4) = (1, 2), (2, 4), (3, 5), (4, 1)$. Wir tragen die Daten in folgendes Applet ein:

1) Mozilla Firefox aufrufen

2) Im Internet anmelden unter:
    http://www.shodor.org/interactivate/activities/Regression/

3) Plot points. Wir tragen die vier Datenpunkte ein.

4) Display line of best fit. Es wird die lineare Regressionsgerade eingezeichnet.

5) Move points. Verschieben wir anschließend für $x_4 = 4$ den y-Wert $y_4 = 1$ nach oben, z.B. $y_4 = 5$, so verändert sich der Verlauf der Regressionsgeraden enorm; d.h. der Datenpunkt (x_4, y_4) hat einen starken Einfluss auf den Verlauf der Regressionsgeraden.

6) Dagegen ist der Einfluss der Datenpunkte (x_2, y_2) und (x_3, y_3) nicht so stark.

d.h. Datenpunkte zu Beginn und am Ende der Beobachtungsintervalle haben eine stärkere Hebelwirkung als Datenpunkte, die innerhalb der Beobachtungsintervalle liegen.

In SPSS klicken wir auf „Speichern" und setzen unter „Distanzen" einen Haken bei „Hebelwerten", so erhalten wir für jeden der vier Datenpunkte einen Hebelwert zwischen 0 und $\frac{n-1}{n} = \frac{4-1}{4} = 0{,}75$. Je größer der Hebelwert, desto stärker der Einfluss des zugehörigen Datenpunktes auf den Verlauf der Regressionsgeraden. In der Datenansicht erhalten wir die Hebelwerte in der Spalte LEV:

	x	y	LEV_1
1	1	2	0,45
2	2	4	0,05
3	3	5	0,05
4	4	1	0,45

d.h. die Datenpunkte (x_1, y_1) und (x_4, y_4) haben die größten Hebelwerte; d.h. die Datenpunkte (x_1, y_1) und (x_4, y_4) haben den stärksten Einfluss auf den Verlauf der Regressionsgeraden.

8.1.2 Zwei oder mehrere unabhängige Variablen

In diesem Kapitel werden wir mehr als eine unabhängige Variable im linearen Modell zulassen.

Beispiel 8.10 (*Miles_Per_Gallon.sav* aus Berenson et al. [2015] p. 671)
Anhand des Leergewichts und der PS-Zahl eines Pkw soll die Anzahl der Meilen, die sich mit einer Gallone Kraftstoff zurücklegen lassen, vorhergesagt werden:

$$\text{Model: } Y \approx b_0 + b_1 \cdot x_1 + b_2 \cdot x_2 \text{ (two independent variables)}$$

8.1.3 Der multiple Korrelationskoeffizient

Um zu überprüfen, ob ein lineares Regressionsmodell mit mehr als einer unabhängigen Variablen sinnvoll ist, wird der sogenannte **multiple Korrelationskoeffizient** R berechnet. Der Wert von R liegt in dem Intervall $[0\,;1]$. Die Interpretation ist wie folgt: Liegt der Wert von R im Intervall $(0;0,5)$ so wird von schwacher Korrelation gesprochen. Werte im Intervall $(0,5\,;0,8)$ deuten auf eine mittelstarke Korrelation hin. Und Werte im Intervall $(0,8\,;1)$ spiegeln eine starke Korrelation wider.

Beispiel 8.11 (*Miles_Per_Gallon.sav* aus Berenson et al. [2015] p. 671)
Der Wert von R beträgt 0,866; d.h. es liegt eine starke Korrelation vor; d.h. die zurückgelegten Meilen pro Gallone lassen sich gut erklären aus dem Leergewicht und der PS-Anzahl.

Der quadrierte Wert $R^2 = 0{,}749$ wird als **Bestimmtheitsmaß** bezeichnet und gibt an, dass 74,9% der Gesamtstreuung sich erklären lässt über die Streuung der Werte $\hat{b}_0 + \hat{b}_1 x_1 + \hat{b}_2 x_2$; d.h. die Daten lassen sich gut durch das lineare Modell beschreiben. Lediglich 25,1% der Gesamtstreuung der Y-Werte ist nicht erklärt.

Die Differenzen $y_i - \hat{y}_i$ zwischen den beobachteten Werten y_i und den vorhergesagten Werten $\hat{y}_i$ heißen bekanntlich Residuen. Wie gut ein lineares Modell passt, hängt von der Summe der quadrierten Residuen $\sum(y_i - \hat{y}_i)^2$ ab. Das Bestimmtheitsmaß R^2 basiert auf dieser Summe:

$$R^2 = 1 - \frac{\sum_{i=1}^{n}(y_i - \hat{y}_i)^2}{\sum_{i=1}^{n}(y_i - \overline{y})^2}$$

Wenn ein perfekter linearer Zusammenhang besteht, so beträgt die Summe der quadrierten Residuen null, sodass sich folgender Wert für das Bestimmtheitsmaß ergibt:

$$R^2 = 1 - \frac{\sum_{i=1}^{n}(y_i - \hat{y}_i)^2}{\sum_{i=1}^{n}(y_i - \overline{y})^2} = 1 - \frac{0}{s_y^2} = 1.$$

Wenn ein kein linearer Zusammenhang besteht, so wird die Summe der quadrierten Residuen maximal mit $\sum_{i=1}^{n}(y_i - \overline{y})^2$, sodass sich folgender Wert für das Bestimmtheitsmaß ergibt:

$$R^2 = 1 - \frac{\sum_{i=1}^{n}(y_i - \hat{y}_i)^2}{\sum_{i=1}^{n}(y_i - \overline{y})^2} = 1 - \frac{s_y^2}{s_y^2} = 1 - 1 = 0.$$

Das Bestimmtheitsmaß R^2 ist der quadrierte multiple Korrelationskoeffizient und ist ebenfalls eine geeignete Maßzahl für die Stärke des linearen Zusammenhangs zwischen drei oder mehreren metrisch skalierten Variablen. Liegt der Wert von R^2 im Intervall $(0; 0{,}25)$, so liegt eine schwache Korrelation vor. Liegt der Wert von R^2 im Intervall $(0{,}25; 0{,}64)$, so liegt eine mittelstarke Korrelation vor. Liegt der Wert von R^2 im Intervall $(0{,}64; 1)$, so liegt eine starke Korrelation vor. Zur Messung der Stärke einer Korrelation können sowohl R als auch R^2 herangezogen werden.

8.1.4 Angepasstes Bestimmtheitsmaß

Bei einem Regressionsmodell sollten immer möglichst wenige unabhängige Variablen im Modell aufgenommen werden, damit das Modell stabil ist für Prognosen.

Problem: Wird in dem linearen Modell $Y \approx b_0 + b_1 \cdot x_1 + b_2 \cdot x_2 + \ldots + b_p \cdot x_p$ eine weitere unabhängige Variable hinzugenommen, so kann der Wert des Bestimmtheitsmaßes niemals kleiner werden, selbst wenn die neue unabhängige Variable keinen Einfluss auf den Wert von Y hat. Um zu erkennen, ob es statistisch betrachtet sinnvoll ist, eine weitere unabhängige Variable im Modell aufzunehmen, wird das sogenannte **korrigierte Bestimmtheitsmaß** (auch: angepasstes Bestimmtheitsmaß) $R_a^2 \in (-\infty; 1]$ mit:

$$R_a^2 = 1 - (1 - R^2)\frac{n-1}{n-p-1} \text{ für } p \leq n-2$$

betrachtet. Dabei bezeichnet n den Stichprobenumfang. Das korrigierte Bestimmtheitsmaß berücksichtigt die Anzahl p der unabhängigen Variablen. Der Wert des korrigierten Bestimmtheitsmaßes kann fallen, wenn eine zusätzliche unabhängige Variable im Modell aufgenommen wird und diese neue unabhängige Variable keinen Einfluss auf den Wert von Y hat - in diesem Falle bliebe der Wert von R^2 lediglich unverändert.

Während der Wert von R^2 immer im Intervall $[0;1]$ liegt, kann der Wert von R_a^2 auch (unsinnig) negativ sein.

Beispiel 8.12

Für das Modell $Y \approx b_0 + b_1 \cdot x_1 + b_2 \cdot x_2$ ist die folgende Stichprobe ($n = 5$) gegeben:

y	x_1	x_2
1	10	−8
2	−12	9
3	13	12
5	−15	−16
8	18	16

Es ergeben sich die folgenden Kennzahlen:

$R = 0,307$ multipler Korrelationskoeffizient;

d.h. schwache Korrelation. Und:

$R^2 = 0,094$ Bestimmtheitsmaß
$R_a^2 = -0,812$ korrigiertes Bestimmtheitsmaß

Dieser Wert von R_a^2 lässt sich nicht interpretieren.

Das korrigierte Bestimmtheitsmaß sollte lediglich als Indikator dafür betrachtet werden, ob eine neue unabhängige Variable im Modell hinzugefügt werden soll oder nicht. Sinkt der Wert von R_a^2 bei Aufnahme einer zusätzlichen unabhängigen Variablen, so ist dies ein Hinweis dafür, dass das Modell mit dieser zusätzlichen unabhängigen Variablen möglicherweise nicht besser ist als das Modell ohne diese Variable.

Beispiel 8.13 (*Miles_Per_Gallon.sav* aus Berenson et al. [2015] p. 671)
In dem Modell $\boxed{\text{MPG}} \approx b_0 + b_1 \cdot \boxed{\text{Leergewicht}}$ beträgt die Korrelation zwischen MPG und Leergewicht $r = 0,825$; somit beträgt das korrigierte Bestimmtheitsmaß R_a^2:

$$R_a^2 = 1 - \left(1 - R^2\right) \frac{n-1}{n-p-1} = 1 - \left(1 - 0,825^2\right) \cdot \frac{50-1}{50-1-1}$$

$$= 1 - 0,319 \cdot \tfrac{49}{48} = 0,674$$

Wird die unabhängige Variable PS-Zahl im Modell aufgenommen, so beträgt R_a^2 im Modell $\boxed{\text{MPG}} \approx b_0 + b_1 \cdot \boxed{\text{Leergewicht}} + b_2 \cdot \boxed{\text{PS-Zahl}}$:

$$R_a^2 = 1 - \left(1 - R^2\right) \frac{n-1}{n-p-1} = 1 - \left(1 - 0,866^2\right) \cdot \frac{50-1}{50-2-1}$$

$$= 1 - 0,250 \cdot \tfrac{49}{47} = 0,739$$

d.h. mit der Aufnahme der unabhängigen Variablen PS-Zahl ist der Wert von R_a^2 von 0,674 auf 0,739 gestiegen; d.h. gemessen an dem korrigierten

Bestimmtheitsmaß hat die unabhängige Variable PS-Zahl einen Einfluss auf die abhängige Variable MPG.

Fazit: R und R^2 messen die Stärke einer Korrelation. Hingegen ist R_a^2 ein Indikator dafür, ob eine weitere unabhängige Variable im Modell aufgenommen werden sollte oder besser nicht.

Die Werte von R^2 liegen im Intervall [0;1], aber die Werte von R_a^2 können (unsinnigerweise) negativ sein.

8.1.5 Multikollinearität

Erforderlich für die Regressionsanalyse ist, dass die p unabhängigen Variablen $X_1, \ldots, X_p$ nicht linear voneinander abhängen, dass sie also nicht **kollinear** sind. Zu erkennen ist die lineare Unabhängigkeit am Wert des Korrelationskoeffizienten (starke Korrelation). Lässt sich nämlich eine unabhängige Variable darstellen als Linearkombination der übrigen unabhängigen Variablen, so können bei nur leichten Rundungen schon erhebliche Fehler für die vorhergesagten Werte auftreten.

Sind zwei oder mehrere der erklärenden Variablen X_j nicht stochastisch unabhängig, so wird von **Kollinearität** oder **Multikollinearität** gesprochen. Die stochastische Abhängigkeit zweier erklärender Variablen lässt sich anhand der Korrelation nach Bravais-Pearson erkennen. Die stochastische Unabhängigkeit von mehr als zwei Variablen wird mit dem sogenannten „Varianzinflationsfaktor" aufgedeckt. Der **Varianzinflationsfaktor** VIF ist wie folgt definiert:

$$VIF = \frac{1}{1 - R_i^2}$$

wobei R_i den multiplen Korrelationskoeffizienten bezeichnet, der sich ergibt, wenn die i-te erklärende Variable durch die übrigen erklärenden Variablen ausgedrückt wird:

$$X_i = b_0 + \sum_{i \neq j} b_j X_j$$

Ist die multiple Korrelation R_i hoch, d.h. $R_i \geq 0{,}95$, so gilt:

$$
\begin{aligned}
R_i &\geq 0{,}95 \\
R_i^2 &\geq 0{,}9025 \approx 0{,}9 \\
1 - R_i^2 &\leq 0{,}1 \\
\frac{1}{1 - R_i^2} &\geq \frac{1}{0{,}1} = 10
\end{aligned}
$$

d.h. Werte von *VIF* gleich oder größer als zehn sprechen dafür, dass eine Kollinearität vorliegt. Im Falle einer perfekten Kollinearität, also $R_i = 1$, ist der Varianzinflationsfaktor nicht erklärt.

Beispiel 8.14
Soll z.B. die Miethöhe einer Wohnung linear erklärt werden aus einigen unabhängigen Variablen und sind zwei dieser unabhängigen Variablen die „Wohnfläche" und die „Zimmer-Anzahl", so ist in Stichproben häufig der Varianzinflationsfaktor für „Zimmer-Anzahl" größer als zehn, da ein starker Zusammenhang zwischen Zimmer-Anzahl und Wohnfläche besteht.
Es reicht hier, im Modell nur eine dieser beiden Variablen aufzunehmen, und zwar diejenige Variable, die eine höhere Bravais-Pearson-Korrelation mit $Y =$„Miete" hat.

SPSS weist neben dem Wert von *VIF* auch die sogenannte **Toleranz** $1 - R_i^2$ aus. Ist der Wert dieser Toleranz gleich oder kleiner als 0,1, so liegt eine Kollinearität vor.
Liegt eine perfekte Kollinearität vor, d.h. $R_i = 1$, (in diesem Fall lässt sich das Maß *VIF* nicht berechnen), so kann die Regressionsgerade nicht eindeutig geschätzt werden. Bei nicht perfekter Kollinearität (d.h. bei imperfekter Kollinearität) lässt sich mathematisch die Regressionsgerade zwar schätzen, jedoch sind die Schätzer für $b_1, b_2, \ldots$ höchstwahrscheinlich verzerrt, d.h. ungenau.
Fazit: Liegt eine Kollinearität vor, so sollte die erklärende Variable X_j aus dem linearen Modell entfernt werden.

Beispiel 8.15 (*Miles_Per_Gallon.sav* aus Berenson et al. [2015] p. 671)
In dem Modell „PS-Anzahl $\approx b_0 + b_1 \cdot$ Leergewicht" beträgt die Korrelation zwischen Leergewicht und PS-Anzahl $r = 0{,}743$. Der *VIF*-Wert beträgt so-

mit $1/(1-0{,}743^2) \approx 2{,}23 \leq 10$ sowohl für das Leergewicht als auch für die PS-Anzahl; d.h. der *VIF*-Wert ist nicht größer als zehn; d.h. es liegt keine Kollinearität vor. Ebenso liegt sowohl für das Leergewicht als auch für die PS-Anzahl die Toleranz mit einem Wert von $1-0{,}743^2 \approx 0{,}45$ nicht unter 0,1.

8.1.6 Prognosen

Anhand eines linearen Regressionsmodells lassen sich Werte vorhersagen.

Beispiel 8.16 (*Miles_Per_Gallon.sav* aus Berenson et al. [2015] p. 671)
Wir unterstellen, dass der Kraftstoffverbrauch MPG linear abhängt von dem Leergewicht und der PS-Anzahl des Pkw:

$$\boxed{\begin{array}{c}\text{Kraft-}\\\text{stoff-}\\\text{verbrauch}\end{array}} \approx b_0 + b_1 \cdot \boxed{\begin{array}{c}\text{Leer-}\\\text{gewicht}\end{array}} + b_2 \cdot \boxed{\text{PS-Anzahl}}$$

bzw.:

$$\text{Modell: } Y \approx b_0 + b_1 \cdot x_1 + b_2 \cdot x_2$$

Mit der Methode der kleinsten Quadrate erhalten wir die folgenden Regressionskoeffizienten:

$$\begin{aligned}\widehat{b_0} &= 58{,}157 \\ \widehat{b_1} &= -0{,}007 \\ \widehat{b_2} &= -0{,}118\end{aligned}$$

Der Wert des Regressionskoeffizienten $\widehat{b_1}$ lässt sich wie folgt interpretieren: Steigt bei gleichbleibender PS-Zahl das Leergewicht des Pkw um ein britisches Pfund, so sinkt die Anzahl der pro Gallone Benzin zurückgelegten Meilen um 0,007 Meilen. Die Interpretation des Regressionskoeffizienten $\widehat{b_2}$ lautet wie folgt: Hat ein Pkw bei gleichbleibendem Leergewicht eine um eins erhöhte PS-Zahl, so sinkt die Anzahl der pro Gallone Benzin zurückgelegten Meilen um 0,118 Meilen. Insgesamt lässt sich anhand der beiden negativen Vorzeichen der Regressionskoeffizienten folgern, dass sowohl ein höheres Leergewicht als auch eine höhere PS-Zahl den Kraftstoffverbrauch steigern bzw. die zurückgelegten Meilen pro Gallone Benzin vermindern.

Als Vorhersage erhalten wir, dass z.B. für einen Pkw mit 2500 brit. Pfund Leergewicht und 80 PS mit einer zurückgelegten Strecke von 31,6 Meilen pro Gallone zu rechnen ist:

$$58,157 - 0,007 \cdot 2500 - 0,118 \cdot 80 = 31,6$$

Der vohergesagte Werte 31,6 Meilen ist ein interpolierter Wert, weil sowohl $2500 \in [1755; 4360]$ als auch $80 \in [48; 165]$ gilt.

An der Stärke der Korrelation lässt sich erkennen, ob der interpolierte Wert 31,6 Meilen ein guter oder schlechter Prognosewert ist. Die Korrelation zwischen Reichweite, Leergewicht und PS beträgt 0,866 (siehe Beispiel 8.11), d.h. es liegt eine starke Korrelation vor. Deshalb ist der vorhergesagte interpolierte Wert von 31,6 Meilen aus statistischer Sicht zuverlässig.

8.1.7 Heteroskedastie

Bei Vorliegen von mehr als einer unabhängigen Variablen lässt sich kein zweidimensionales Streudiagramm zeichnen.

Da jedoch bei einer etwaigen Heteroskedastie die Werte der Residuen immer größer werden, wird zur Überprüfung der erforderlichen Homoskedastie das Streudiagramm der standardisierten vorhergesagten Werte (in SPSS heißen diese Werte zpred) und der standardisierten Residuen (in SPSS heißen diese Werte zresid) gebildet. Dieses Streudiagramm wird auch als **Residuendiagramm** bezeichnet.

In der SPSS-Ausgabe erscheint dieses Streudiagramm als letzte Grafik. Liegen die Punkte wie rein zufällig im Residuendiagramm, so liegt Homoskedastie vor. Bilden hingegen die eingezeichneten Punkte z. B. einen Keil, so liegt Heteroskedastie vor.

Beispiel 8.17 (*Miles_Per_Gallon.sav* aus Berenson et al. [2015] p. 671)

Für das Modell $\boxed{Y \approx b_0 + b_1 \cdot x_1 + b_2 \cdot x_2}$ sieht das Streudiagramm der studentisierten ausgeschlossenen Residuen „zresid" und der standardisierten vorhergesagten Werte „zpred" wie folgt aus:

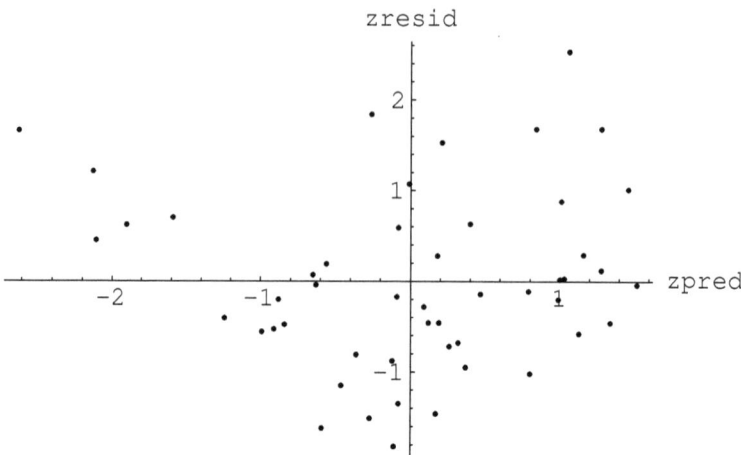

Residuendiagramm

In dem Streudiagramm ist keine Keilform erkennbar; d.h. die Werte von b_0, b_1, b_2 dürfen mit der Methode der Methode der kleinsten Quadrate geschätzt werden, da Homeskedastie vorliegt.

8.1.8 Testen im linearen Regressionsmodell

Vorbemerkung zu den beiden Begriffen „stochastische Unabhängigkeit" und „Unkorreliertheit": Zwei diskrete Zufallsvariablen X, Y heißen **stochastisch unabhängig**, falls gilt: $P(X = x \cap Y = y) = P(X = x) \cdot P(Y = y)$ für alle x, y. Zwei Zufallsvariablen X, Y heißen **unkorreliert**, falls gilt: $Cov[X, Y] = 0$. Die theoretische Kovarianz wird wie folgt berechnet: $Cov[X, Y] = E[X \cdot Y] - E[X] \cdot E[Y]$.

Die beiden Begriffe hängen wie folgt zusammmen: Wenn zwei Zufallsvariablen stochastisch unabhängig sind, so sind sie auch unkorreliert. D.h. Unkorreliertheit ist eine schwächere Eigenschaft als stochastische Unabhängigkeit.

Aus der Unkorreliertheit zweier Zufallsvariablen folgt im Allgemeinen jedoch nicht (Ausnahme: normalverteilte Zufallsvariablen), dass die beiden Zufallsvariablen auch stochastisch unabhängig sind.

Beispiel 8.18

X, Y seien zwei diskrete Zufallsvariablen mit der folgenden Wahrscheinlichkeitsverteilung:

	\multicolumn{4}{c}{X}	
Y	-2	-1	1	2	Σ
-2	$1/10$	0	0	0	$1/10$
-1	0	0	$4/10$	0	$4/10$
1	0	$4/10$	0	0	$4/10$
2	0	0	0	$1/10$	$1/10$
Σ	$1/10$	$4/10$	$4/10$	$1/10$	1

Für die Erwartungswerte gilt:

$$E[X] = (-2) \cdot \frac{1}{10} + (-1) \cdot \frac{4}{10} + 1 \cdot \frac{4}{10} + 2 \cdot \frac{1}{10} = 0$$

$$E[Y] = (-2) \cdot \frac{1}{10} + (-1) \cdot \frac{4}{10} + 1 \cdot \frac{4}{10} + 2 \cdot \frac{1}{10} = 0$$

$$E[X \cdot Y] = (-2) \cdot (2) \cdot \frac{1}{10} + (-1) \cdot 1 \cdot \frac{4}{10} + 1 \cdot (1-) \cdot \frac{4}{10} + 2 \cdot 2 \cdot \frac{1}{10} = 0$$

Daraus folgt, dass X, Y unkorreliert sind:

$$Cov[X, Y] = 0 - 0 \cdot 0 = 0$$

Jedoch sind X, Y nicht stochastisch unabhängig voneinander, so gilt z.B.:

$$P(X = 1 \cap Y = -1) = \frac{4}{10} \neq \frac{4}{10} \cdot \frac{4}{10} = P(X = 1) \cdot P(Y = -1)$$

Um in einem Regressionsmodell statistische Tests durchführen zu können, ist vorauszusetzen, dass die Residuenvariablen ϵ_i unkorreliert und normalverteilt sind:

$$\epsilon_i \sim N(0; \sigma) \text{ für alle } i = 1, \ldots, n$$
$$Cov(\epsilon_i, \epsilon_j) = 0 \text{ for } i \neq j \, (\text{ unkorreliert})$$

Aufgrund des Zentralen Grenzwertsatzes kann die Normalverteilung der Residuen angenommen werden, wenn der Stichprobenumfang mindestens 30 beträgt, d.h. $n \geq 30$ (vgl. Schlittgen [2009], Kapitel 7, S. 157). Vorsichtshalber sollte sich aber das QQ-Diagramm der Residuen angeschaut werden. Für kleine Stichprobenumfänge $n < 30$ wird die Normalverteilung der Residuen mit einem Test (Lilliefors-Test, Shapiro-Wilk-Test, Jarque-Bera-Test) überprüft.

Gefordert ist insb., dass jede der n Residuenvariablen ϵ_i normalverteilt ist. Da zu jeder Residuenvariablen nur jeweils genau ein Beobachtungswert vorliegt, nämlich die tatsächlichen Residuen, schauen wir, ob die n beobachteten Residuen als eine Stichprobe aus einer Normalverteilung angesehen werden können.

In der SPSS-Ausgabe gibt es drei Möglichkeiten visuell zu überprüfen, ob eine Normalverteilung der Residuen vorliegt.

Erste Möglichkeit: Das Histogramm sollte sich in etwa mit der Gestalt der eingezeichneten Glockenkurve decken.

Zweite Möglichkeit: Im P-P-Diagramm sollten die eingezeichneten Punkte auf der durchgezogenen Winkelhalbierenden liegen.

Dritte Möglichkeit: Im QQ-Plot sollten die eingezeichneten Punkte auf der durchgezogenen Winkelhalbierenden liegen.

Beispiel 8.19 (*Miles_Per_Gallon.sav* aus Berenson et al. [2015] p. 671)
In dem Modell:

$$\boxed{\text{MPG} \approx b_0 + b_1 \cdot \text{Leergewicht} + b_2 \cdot \text{PS-Anzahl}}$$

decken sich Histogramm und Glockenkurve. Außerdem liegen sowohl im Plot-Point-Diagramm als auch im Quantil-Quantil-Diagramm die eingezeichneten Punkte auf der Winkelhalbierenden, so dass von einer Normalverteilung der Residuen ausgegangen werden kann.

Der p-Wert des Lilliefors-Test beträgt mindestens 0,2 und der p-Wert des Shapiro-Wilk-Tests beträgt genau 0,372, sodass auch beide Tests die Normalverteilung der Residuen bestätigen.

Eine Möglichkeit, die mit SPSS die Unkorreliertheit der Residuen zu überprüfen, haben wir leider nicht. (SPSS hat im Menü den Durbin-Watson Test, der für Zeitreihen die Unkorreliertheit zum Lag 1 überprüft.)

Welche der unabhängigen Variablen beeinflussen den Wert der abhängigen

Variablen? Bei einer Regressionsanalyse sollten nur „einflussreiche" unabhängige Variablen im Modell aufgenommen werden, um gute Prognosen abliefern zu können. Mit Hilfe eines Tests lässt sich überprüfen, ob eine bestimmte unabhängige Variable einen signifikanten Einfluss hat auf die abhängige Variable. Dies wird überprüft, indem untersucht wird, ob der Regressionskoeffizient, mit dem diese unabhängige Variable in das Regressionsmodell eingeht, quasi den Wert null hat:

$$H_0 : b_i = 0 \text{ versus } H_1 : b_i \neq 0$$

Die Teststatistik des Tests ist t-verteilt. Deshalb wird dieser Test auch als t-Test im Regressionsmodell bezeichnet.

Beispiel 8.20 (*Miles_Per_Gallon.sav* aus Berenson et al. [2015] p. 671)
Welche der unabhängigen Variablen Leergewicht und PS beeinflussen den Kraftstoffverbrauch MPG? Um diese Frage zu beantworten, wird ein statistischer Test durchgeführt:

---

t-Test im Regressionsmodell
H_0: Das Leergewicht hat keinen Einfluss auf den
     Kraftstoffverbrauch (kurz: $b_1 = 0$)
versus
H_1: Das Leergewicht hat einen Einfluss auf den
     Kraftstoffverbrauch (kurz: $b_1 \neq 0$)
Ablehnung von H_0 genau dann, wenn gilt: p-Wert $\leq 0{,}05$

Entscheidet sich der Test aufgrund der Stichprobe für H_1, so wird der Einfluss des Leergewichts auf den Kraftstoffverbrauch als **signifikanter** Einfluss bezeichnet. Damit wird deutlich gemacht, dass die Entscheidung, ob ein Einfluss vorliegt oder nicht, aufgrund eines statistischen Tests getroffen wurde.

⚠ Bitte achten Sie beim Schreiben wissenschaftlicher Texte darauf, dass Sie nur von einer Signifikanz sprechen, wenn vorher ein statistischer Test durchgeführt wurde.
Der von SPSS berechnete p-Wert beträgt 0,00001 und ist somit kleiner als 0,05; d.h. die Nullhypothese wird abgelehnt; d.h. das Leergewicht hat einen

signifikanten Einfluss auf den Kraftstoffverbrauch MPG.

Hat die unabhängige Variable PS-Anzahl einen signifikanten Einfluss auf den Kraftstoffverbrauch? Dazu betrachten wir das Testproblem:

t-**Test im Regressionsmodell**
H_0: Die PS-Anzahl hat keinen Einfluss auf den Kraftstoffverbrauch (kurz: $b_2 = 0$)
versus
H_1: Die PS-Anzahl hat einen Einfluss auf den Kraftstoffverbrauch (kurz: $b_2 \neq 0$)
Ablehnung von H_0 genau dann, wenn gilt: p-Wert $\leq 0{,}05$

Der von SPSS berechnete p-Wert beträgt 0,001 und ist somit kleiner als 0,05; d.h. die Nullhypothese wird abgelehnt; d.h. die PS-Anzahl hat einen signifikanten Einfluss auf den Kraftstoffverbrauch MPG.

Ebenso lässt sich testen, ob die Konstante b_0 in dem Modell benötigt wird oder nicht:

t-**Test im Regressionsmodell**
H_0: Die Konstante hat den Wert null (kurz: $b_0 = 0$)
versus
H_1: Die Konstante ist ungleich null (kurz: $b_0 \neq 0$)
Ablehnung von H_0 genau dann, wenn gilt: p-Wert $\leq 0{,}05$

Der von SPSS berechnete p-Wert beträgt $3 \cdot 10^{-26} \approx 0$ und ist somit kleiner als 0,05; d.h. die Nullhypothese wird abgelehnt; d.h. die Konstante ist in dem Modell signifikant von null verschieden.

Sind die Residuen unkorreliert und normalverteilt, so lässt sich auch testen, ob das Regressionsmodell sinnvoll ist:

$$H_0 : b_1 = b_2 = \ldots = b_p = 0$$
versus
$$H_1 : \text{„Zumindest ein } b_i \text{ ist ungleich null“}$$

Die Teststatistik des Tests ist F-verteilt. Deshalb wird dieser Test auch als F-Test im Regressionsmodell bezeichnet.

Beispiel 8.21 (*Miles_Per_Gallon.sav* aus Berenson et al. [2015] p. 671)

Wir möchten wissen, ob das Modell $\boxed{Y \approx b_0 + b_1 \cdot x_1 + b_2 \cdot x_2}$ sinnvoll ist.
Dazu betrachten wir das folgende Testproblem:

> **F-Test im Regressionsmodell**
> H_0:   Das Modell ist nicht sinnvoll (kurz: $b_1 = b_2 = 0$)
> versus
> H_1:   Das Modell ist sinnvoll (kurz: zumindest ein b_i
>   ist ungleich null)
> Ablehnung von H_0 genau dann, wenn gilt: p-Wert $\leq 0{,}05$

Der von SPSS berechnete p-Wert beträgt $8 \cdot 10^{-15} \approx 0$ und steht in der ANOVA-Tabelle. Der p-Wert ist somit kleiner als 0,05; d.h. die Nullhypothese wird abgelehnt; d.h. das Modell ist sinnvoll bzw. mindestens ein Regressionskoeffizient ist signifikant von null verschieden.

8.1.9   Zusammenfassung

Hauptzweck eines multiplen linearen Regressionsmodells $Y \approx b_0 + b_1 \cdot x_1 + b_2 \cdot x_2 + b_3 \cdot x_3 + \dots b_p \cdot x_p$ ist es, Werte von Y vorherzusagen.

Die Kennzahlen eines statistisch sinnvollen Modells sollten folgende Werte aufweisen:

Kennzahl	Bereich
R	$> 0{,}8$
VIF	< 10
Toleranz	$> 0{,}1$

Ferner sollte das Residuendiagramm keine sich systematisch ändernde Streuung aufweisen, d.h. es sollte Homoskedastie vorliegen.

Im linearen Regressionsmodell lassen sich zwei verschiedene Tests durchführen.
Ist einerseits der p-Wert in der ANOVA-Tabelle gleich oder kleiner als 0,05,

so ist das betrachtete Regressionsmodell sinnvoll.

Ist andererseits der p-Wert der Koeffizienten-Tabelle für eine unabhängige Variable gleich oder kleiner als 0,05, so hat diese Variable einen signifikanten Einfluss auf den Wert der abhängigen Variablen.

Im Regressionsmodell haben wir die folgenden statistischen Methoden betrachtet:

1) Die Schätzwerte $\widehat{b}_0, \widehat{b}_1, \widehat{b}_2, \ldots, \widehat{b}_p$ für die Regressionskoeffizienten werden mit der Methode der kleinsten Quadrate berechnet.

2) Wenn der multiple Korrelationskoeffizient $R \in [0; 1]$ schwache oder mittelstarke Korrelation anzeigt, so ist das Modell nicht gut.

3) Der Korrelationskoeffizient von Bravais-Pearson $r \in [-1; 1]$ misst die Stärke des linearen Zusammenhangs zwischen nur zwei Variablen.

4) Ist im Residuendiagramm eine V-Formation/Keil erkennbar, so liegt Heteroskedastie vor. Im Falle von Heteroskedastie sind die Werte von $\widehat{b}_0, \widehat{b}_1, \widehat{b}_2, \ldots \widehat{b}_p$ unbrauchbar.
Liegen hingegen im Residuendiagramm die Punkte so, wie rein zufällig eingetragen, so liegt Homoskedastie vor.

5) Multikollinearität lässt sich daran erkennen, dass gilt: VIF ≥ 10. Im Falle von Multikollinearität sind die Werte $\widehat{b}_0, \widehat{b}_1, \widehat{b}_2, \ldots \widehat{b}_p$ unbrauchbar.

6) Ein vorhergesagter Wert y ist ein extrapolierter Wert, falls gilt: $x \notin [x_{min}; x_{max}]$.

7) Ein vorhergesagter Wert y ist ein interpolierter Wert, falls gilt: $x \in [x_{min}; x_{max}]$.

8) Auf extrapolierte vorhergesagte Werte ist aus statistischer Sicht kein Verlass. Auf interpolierte vorhergesagte Werte bei gleichzeitig starker Korrelation gemessen mit R ist aus statistischer Sicht Verlass.

9) Die Stärke des Einflusses eines Datenpunkts auf die Gestalt der Regressionsgeraden lässt sich daran erkennen, ob der Hebelwert dieses

Datenpunkts hoch (starker Einfluss) oder niedrig (geringer Einfluss) ist. Ausreißer mit einem hohen Hebelwert sollten aus dem Datensatz entfernt werden.

10) R_a^2 ist ein Indikator dafür, ob eine weitere unabhängige Variable im Regressionsmodell aufgenommen werden sollte: Steigt bei Aufnahme der Wert von R_a^2, so ist die Aufnahme sinnvoll. Sinkt hingegen bei Aufnahme der Wert von R_a^2, so ist die Aufnahme nicht sinnvoll.

11) Residuen = beobachteter Wert minus vorhergesagter Wert.

12) Wenn in der Grafik „Quantil-Quantil Diagramm" die eingetragenen Punkte nah an der Winkelhalbierenden liegen, so sind die Residuen normalverteilt.

13) Gilt: p-Wert vom t-Test $\leq 0{,}05$, so hat die unabhängige Variable X_i einen signifikanten Einfluss auf Y.

14) Gilt: p-Wert ANOVA $\leq 0{,}05$, so ist das Modell sinnvoll.

8.1.10 SPSS-Befehle Multiple lineare Regression

Wir betrachten das Beispiel 8.1.

Streudiagramm zeichnen
Um ein Streudiagramm zu zeichnen, gibt es zwei verschiedene Möglichkeiten.
1. Möglichkeit:

1) Grafik → Klassische Dialogfelder → Streu-/Punkt-Diagramm …

2) „Einfaches Streudiagramm" anklicken. Dann auf „Definieren"klicken.

3) Y-Achse = MPG
X-Achse = Leergewicht

4) Zum Erstellen der Grafik auf „ok" klicken.

2. Möglichkeit:

1) Grafik → Diagrammerstellung … → ok

2) „Streu-/Punktdiagramm" aus der Galerie auswählen und mit der linken Maustaste „Einfaches Streudiagramm" nach oben rechts in die Diagrammvorschau schieben.

3) Mit der linken Maustaste die unabhängige Variable x kopieren und als Legendenvariable für die x-Achse hinüberschieben. Mit der linken Maustaste die abhängige Variable y kopieren und als Legendenvariable für die y-Achse hinüberschieben.

4) (Um für jeden Punkt im Streudiagramm eine Fallbeschriftung einzutragen, muss „Gruppen/Punkt-ID" angeklickt werden. Dann einen Haken setzen bei „Punkt-ID-Beschriftung" und die Variable mit der Fallbeschriftung mit der linken Maustaste ins Fenster „Punktbeschriftungsvariable?" ziehen.)

5) Zum Erstellen der Grafik auf „ok" klicken.

Ein Streudiagramm, das mit dieser zweiten Möglichkeit erstellt wurde, kann in SPSS weiter bearbeitet werden.

Lineare Regressionsgerade ins Streudiagramm einzeichnen

1) Analysieren → Regression → Kurvenanpassung …

2) Abhängige Variable(n) = MPG
   Unabhängige Variable = Leergewicht

3) Unter „Modelle" einen Haken bei „Linear" setzen.

4) Zum Erstellen der Grafik auf „ok" klicken.

Partielle Korrelation

1) Analysieren → Korrelation → Partiell …

2) Variablen = Leergewicht und PS
   Kontrollvariable = MPG

3) Zum Berechnen der partiellen Korrelation zwischen Leergewicht und PS auf „ok" klicken.

Die partielle Korrelation zwischen Leergewicht und PS beträgt 0,264.

Lineare Regression

1) Öffnen Sie in der Datenansicht das Beispiel „Miles_per_Gallon.sav".

2) Analysieren → Regression → Linear ...

3) Abhängige Variable = „MPG"
   Unabhängige Variable(n) = „Weight" und „Horsepower"
   Methode=Einschluss

4) Klicken Sie auf „Statistiken ...".
   Setzen Sie unter „Regressionskoeffizienten" jeweils einen Haken bei „Schätzungen", bei „Deskriptive Statistik", bei „Teil- und partielle Korrelationen" und bei „Kollinearitätsdiagnose". Klicken Sie auf „Weiter".

5) Klicken Sie auf „Diagramme ...".
   Wählen Sie die Werte für Y und X wie folgt:
   Y: *ZRESID
   X: *ZPRED
   Setzen Sie einen Haken bei „Histogramm" und einen Haken bei „Normalverteilungsdiagramm". Klicken Sie auf „Weiter".

6) Klicken Sie auf „Speichern ...".
   Unter „Vorhergesagte Werte" setzen Sie einen Haken bei „Nicht standardisiert". Unter „Residuen" setzen Sie einen Haken bei „Nicht standardisiert". Unter „Distanzen" setzen Sie einen Haken bei „nach Cook" und bei „Hebelwerte". Klicken Sie auf „Weiter".

7) Klicken Sie auf „OK", um die Auswertung zu erhalten.
   Die Regressionskoeffizienten 58,157, −0,118, −0,007 stehen in der Tabelle „Koeffizienten" unter „Nichtstandardisierte Koeffizienten" unter B.

Der multiple Korrelationskoeffizient 0,866 steht in der Tabelle „Modellzusammenfassung" unter R.

Modellzusammenfassung[b]

Modell	R	R-Quadrat	Korrigiertes R-Quadrat	Standardfehler des Schätzers
1	,866[a]	,749	,739	4,1766

a. Einflussvariablen : (Konstante), Horsepower, Weight
b. Abhängige Variable: MPG

Der p-Wert=0,000 des Tests auf $H_0 : b_1 = b_2 = \ldots = b_p$ steht unter (empirische) Signifikanz in der SPSS-Tabelle „ANOVA".

ANOVA[a]

Modell		Quadratsumme	df	Mittel der Quadrate	F	Signifikanz
1	Regression	2 451,974	2	1 225,987	70,281	,000[b]
	Residuen	819,868	47	17,444		
	Gesamt	3 271,842	49			

a. Abhängige Variable: MPG
b. Einflussvariablen: (Konstante), Horsepower, Weight

Die paarweisen Korrelationen −0,825 bzw. −0,788 zwischen der abhängigen Variablen (hier: MPG) und einer unabhängigen Variablen (hier: entweder Leergewicht oder PS) stehen in der Tabelle „Koeffizienten" unter „Korrelationen" unter „Nullter Ordnung".

Der p-Wert von 0,000 des Test auf $H_0 : b_0 = 0$, der p-Wert von 0,000 des Test auf $H_0 : b_1 = 0$ und der p-Wert von 0,001 des Test auf $H_0 : b_2 = 0$ stehen in der SPSS-Tabelle „Koeffizienten" unter (empirische) Signifikanz.

Der p-Wert von 0,000 besagt, dass die Nullhypothese $H_0 : b_1 = 0$ abgelehnt wird; d.h. das Leergewicht hat einen signifikanten Einfluss auf den Kraftstoffverbrauch MPG.

Der p-Wert von 0,001 besagt, dass die Nullhypothese $H_0 : b_2 = 0$ abgelehnt wird; d.h. die PS-Anzahl hat einen signifikanten Einfluss auf den Kraftstoffverbrauch MPG.

In der Tabelle „Koeffizienten" in der Spalte „RegressionskoeffB" stehen die Schätzwerte 58,157 und $-0,007$ und $-0,118$ der Konstanten und der Regressionskoeffizienten.

In der SPSS-Datenansicht stehen unter RES_1 die Werte der Residuen $y_i - (\widehat{b}_0 + \widehat{b}_1 x_{i1} + \ldots + \widehat{b}_p x_{ip})$. Das sind die Abweichungen der Y-Werte aufgrund der Regressionsgeraden von den tatsächlichen Y-Werten.

In der SPSS-Datenansicht stehen in der Spalte unter PRE_1 die vorhergesagten Werte (predicted values) von Y aufgrund der Regressionsgeraden.

Prognosen

Um für ein Fahrzeug mit einem Leergewicht von 2 500 brit. Pfund und einer PS-Anzahl von 80 die Anzahl der Meilen vorherzusagen, die dieses Fahrzeug mit einer Gallone Kraftstoff zurücklegen kann, werden in der Datenansicht in der 51. Zeile der Wert 2 500 in Spalte Leergewicht und der Wert 80 in die Spalte PS-Anzahl eingetragen. Anschließend muss die lineare Regression erneut von SPSS berechnet werden. Der gesuchte Prognosewert von 31,6 Meilen pro Gallone steht danach in der Spalte PRE_2 in der Datenansicht.

Ausgabe

Koeffizienten[a]

Modell		Nicht standardisierte Koeffizienten		Standardisierte Koeffizienten	T	Signifikanz	Korrelationen			Kollinearitätsstatistik	
		B	Standardfehler	Beta			Nullter Ordnung	Partiell	Teil	Toleranz	VIF
1	(Konstante)	58,157	2,658		21,878	,000					
	Weight	−,007	,001	−,534	−4,903	,000	−,825	−,582	−,358	,450	2,224
	Horsepower	−,118	,033	−,392	−3,600	,001	−,788	−,465	−,263	,450	2,224

a. Abhängige Variable: MPG

8.2 Binäre logistische Regression

Die abhängige Variable Y darf wie folgt skaliert sein:

nominal: ja, aber nur binäre Variablen

ordinal: nein

metrisch: nein

Die unabhängigen Variablen $X_1, \ldots, X_p$ dürfen wie folgt skaliert sein:

nominal: ja

ordinal: ja

metrisch: ja

Wir haben also die Situation, dass Y nur die Werte null und eins annehmen kann. Ziel ist es, anhand konkreter Werte $x_1, x_2, \ldots, x_p$ den Wert für Y vorherzusagen.

Beispiel 8.22 (*Kredit_biLogReg.sav* aus Handl [2002] S. 10)
Bei zwanzig Zweigstellen eines Kreditinstituts in Baden-Württemberg wurden die Gesamtkosten X_1 (in GE) erhoben. Unter diesen Zweigstellen gibt es zwei Typen. Typ I sind Zweigstellen mit einem hohen Marktanteil und einem überdurchschnittlichen Darlehns- und Kreditgeschäft. Typ II sind Zweigstellen mit keinem hohen Marktanteil.
Wir möchten den Typ der Filiale auf Basis der Höhe ihrer Gesamtkosten vorhersagen. Dazu kodieren wir die Zweigstellen von Typ I mit dem Wert eins und die Zweigstellen vom Typ II mit dem Wert null. Es ergaben sich folgende Werte:

Nr.	Gesamtkosten	Typ	Nr.	Gesamtkosten	Typ
1	478,2	1	11	413,8	1
2	247,3	1	12	379,7	1
3	223,6	1	13	400,5	1
4	505,6	1	14	404,1	1
5	399,3	1	15	499,4	0
6	276,0	1	16	674,9	0
7	542,5	1	17	468,6	0
8	308,9	1	18	601,5	0
9	453,6	1	19	578,8	0
10	430,2	1	20	641,5	0

Anstatt auf Basis der Gesamtkosten den Typ vorherzusagen, schätzt die binäre logistische Regression die Wahrscheinlichkeit für Typ I, d.h. die Wahrscheinlichkeit für das Ereignis ($Y = 1$). Ist die geschätzte Wahrscheinlichkeit größer als 1/2, so wird für die Variable Y der Wert eins vorhergesagt, d.h. wir ordnen der Filiale den Typ I zu. Ist die geschätzte Wahrscheinlichkeit gleich oder kleiner als 1/2, so wird für die Variable Y der Wert null vorhergesagt, d.h. wir ordnen der Filiale den Typ II zu.

Der einfachste Ansatz, die Wahrscheinlichkeit $P(Y = 1 \mid x_1)$ zu schätzen, wäre durch eine Linearkombination z der unabhängigen Variablen:

$z = \text{Konstante} + b_1 \cdot \text{Gesamtkosten}$

$z = b_0 + b_1 \cdot x_1$

Jedoch könnten die so geschätzten Wahrscheinlichkeiten $z = \widehat{P}(Y = 1 \mid x_1)$ aus dem Intervall [0;1] herausfallen.

Die geschätzten Wahrscheinlichkeiten $\widehat{P}(Y = 1 \mid x_1)$ bleiben im Intervall [0;1], wenn statt der Linearkombination die Verteilungsfunktion der logistischen Verteilung gewählt wird:

$$\widehat{P}(Y = 1 \mid x_1) = \frac{e^z}{1 + e^z} = \frac{1}{1 + e^{-z}}$$

Mit der binären logistischen Regression erhalten wir auf Basis der Gesamtkosten die folgende Einteilung in vorhergesagte Typen (PGR = predicted group):

Nr.	Gesamtkosten	Typ	vorherg. Typ
1	478,2	1	1
2	247,3	1	1
3	223,6	1	1
4	505,6	1	1
5	399,3	1	1
6	276,0	1	1
7	542,5	1	0
8	308,9	1	1
9	453,6	1	1
10	430,2	1	1
11	413,8	1	1
12	379,7	1	1
13	400,5	1	1
14	404,1	1	1
15	499,4	0	1
16	674,9	0	0
17	468,6	0	1
18	601,5	0	0
19	578,8	0	0
20	641,5	0	0

Bei Typ I wurde eine Zweigstelle von vierzehn Zweigstellen anders als beobachtet vorhergesagt. Das sind $1 - \frac{1}{14} = 92,9\%$ Richtige. Und bei Typ II wurden zwei Zweigstellen von sechs Zweigstellen anders als beobachtet vorhergesagt. Das sind $1 - \frac{2}{6} = 66,7\%$ Richtige. Insgesamt wurden also 17 von 20 Zweigstellen-Typen durch die binäre logistische Regression richtig vorhergesagt, das sind 85%.

Mit dem Hosmer-Lemeshow-Anpassungstest wird überprüft, ob das Modell passt:

Hosmer-Lemeshow-Anpassungstest
H_0: Modell passt
gegen
H_1: Modell passt nicht
Ablehnung von H_0 ⇔ p-Wert ≤ 0,05

Der p-Wert des Hosmer-Lemeshow-Anpassungstests beträgt 0,762 (im letzten Schritt); d.h. H_0 wird nicht abgelehnt; d.h. das Modell passt.

Mit dem Wald-Test wird überprüft, ob eine unabhängige Variable Einfluss hat auf die abhängige Variable:

> **Wald-Test**
> $H_0 : b_i = 0$ (d.h. die i-te Variable hat keinen Einfluss)
> gegen
> $H_1 : b_i \neq 0$ (d.h. die i-te Variable hat einen Einfluss)
> Ablehnung von $H_0 \Leftrightarrow p$-Wert $\leq 0{,}05$

Für den Parameter b_1 beträgt der p-Wert des Wald-Tests 0,035; d.h. H_0 wird abgelehnt; d.h. X_1 hat einen signifikanten Einfluss auf Y; d.h. die Höhe der Gesamtkosten hat Einfluss einen signifikanten auf den Typ der Zweigstelle.

Die Schätzwerte der Regressionskoeffizienten der Linearkombination $b_0 + b_1 \cdot x_1$ betragen $\widehat{b}_0 = 15{,}219$ und $\widehat{b}_1 = -0{,}029$. Der vorhergesagte Typ einer neuen Zweigstelle mit 520 Gesamtkosten ist der Typ II; d.h. der vorhergesagte Marktanteil für die neue Zweigstelle ist nicht hoch.

8.2.1 SPSS-Befehle Binäre logistische Regression

1) Öffnen Sie in der SPSS Datenansicht das Beispiel „Kredit_biLogReg.sav".

2) Analysieren → Regression → Binär logistisch …

3) Abhängige Variable = „Typ"
   Kovariaten = „Gesamtkosten"
   Methode=Einschluss

4) (Klicken Sie auf „Kategorial …", um ggf. unabhängige Variablen, die dichotom oder nominal skaliert sind, als kategoriale Variablen zu kennzeichnen.) Hier ist die unabhängige Variable „Gesamtkosten" metrisch skaliert, sodass dieser Arbeitsschritt entfällt.

5) Klicken Sie auf „Speichern …".
   Unter „Vorhergesagte Werte" setzen Sie einen Haken bei „Gruppenzugehörigkeit".

(Sie können auch einen Haken setzen bei „Wahrscheinlichkeiten", um selber zu sehen, wie knapp die Einteilung in eine der beiden Gruppen ausgefallen ist.)
Klicken Sie auf „Weiter".

6) Klicken Sie auf „Optionen ... ".
Unter „Statistiken und Diagramme" setzen Sie einen Haken bei „Hosmer-Lemeshow-Anpassungsstatistik".
Klicken Sie auf „Weiter".

7) Klicken Sie auf „OK", um die Auswertung zu erhalten.

Das Bestimmtheitsmaß R-Quadrat nach Nagelkerke beträgt 0,713; d.h. es liegt starke Korrelation vor:

Modellzusammenfassung

Schritt	-2 Log Likelihood	Cox- & Snell R-Quadrat	Nagelkerkes R-Quadrat
1	10,457[a]	,503	,713

a. Schätzung beendet bei Iteration Nummer 7, weil die Parameterschätzer sich um weniger als ,001 änderten.

Das Modell der binären logistischen Regression passt, da der p-Wert des Hosmer-Lemeshow-Anpassungstests 0,762 beträgt und somit größer ist als 0,05:

Hosmer-Lemeshow-Test

Schritt	Chi-Quadrat	df	Sig.
1	4,959	8	,762

Die Schätzwerte der Regressionskoeffizienten sind der Tabelle „Variablen in der Gleichung" unter „RegressionskoeffB" zu entnehmen:

Variablen in der Gleichung

		Regressions-koeffizient B	Standard-fehler	Wald	df	Sig.	Exp(B)
Schritt 1[a]	Gesamtkosten	−,029	,014	4,422	1	,035	,971
	Konstante	15,219	7,022	4,698	1	,030	4069247,7

a. In Schritt 1 eingegebene Variable: Gesamtkosten.

Das Vorzeichen des geschätzten Regressionskoeffizienten $\widehat{b}_1 = -0{,}029$ lässt sich wie folgt interpretieren: Je höher die Gesamtkosten sind, desto eher ist die Filiale vom Typ 0, d.h. desto eher hat die Filiale einen nur geringen Marktanteil.

Die anhand der binären logistischen Regression vorhergesagten Typen stehen im Daten Editor in der Spalte PGR_1 (Abkürzung für predicted group).

Insgesamt werden in dem Modell 85% der beobachteten Werte richtig vorhergesagt:

Klassifizierungstabelle[a]

Beobachtet			Vorhergesagt		
			Typ		
			0	1	Prozentsatz der Richtigen
Schritt 1	Typ	0	4	2	66,7
		1	1	13	92,9
	Gesamtprozentsatz				85,0

a. Der Trennwert lautet ,500

Prognosen

Geben Sie den Wert 520 in der Datenansicht in der Spalte „Gesamtkosten"
ein. Anschließend lassen Sie SPSS erneut eine binäre logistische Regression
berechnen. Der vorhergesagte Typ der neuen Zweigstelle mit 520 Gesamtkosten ist der Typ 0, d.h. Typ II, und steht in der Datenansicht in der Spalte
PGR_2.

8.3 Multinomiale logistische Regression

Die abhängige Variable Y darf wie folgt skaliert sein:

       nominal: ja
       ordinal: nein
       metrisch: nein

Die unabhängigen Variablen $X_1, \ldots, X_p$ dürfen wie folgt skaliert sein:

       nominal: ja
       ordinal: ja
       metrisch: nein

Beispiel 8.23 (*cereal.sav* aus dem SPSS-Tutorial von IBM)
Um gezielter Werbung für seine Frühstücksprodukte machen zu können, befragte ein Unternehmen 880 Personen nach:

Y = bevorzugtes Frühstück
   1=Frühstücksbüfett, 2=Haferflocken, 3=Müsli

X_1 = Altersklasse
   1=bis 30 Jahre, 2=31 bis 45 Jahre, 3=46 bis 60 Jahre, 4=über 60 Jahre

X_2 = aktive Lebensform (1=ja, 0=nein)
   ja=mindestens zweimal pro Woche Sport

X_3 = Geschlecht(0=männlich, 1=weiblich)
Für die bevorzugten Frühstücksprodukte werden statt der Kategorie-Nummer mit Hilfe der logistischen Verteilung die Wahrscheinlichkeiten für das Frühstück mit der Nummer k (PGR = predicted group) geschätzt:

$$\frac{e^{z_k}}{e^{z_1} + e^{z_2} + e^{z_3}} \; ; k = 1, 2, 3$$

wobei $z_k = b_{k0} + b_{k1} \cdot x_1 + b_{k2} \cdot x_2 \; ; k = 1, 2, 3$ eine Linearkombination der unabhängigen Variablen X_1, X_2 ist.
Für jeden der 880 Befragten ergeben sich somit drei Wahrscheinlichkeiten für die drei Kategorien der Frühstücksarten Büfett, Haferflocken, Müsli. Mit dem multinomialen Regressionsmodell wird einer Person auf Basis der Variablen Alter und Lebensform genau dasjenige Frühstück, welches die größte Wahrscheinlichkeit hat, vorhergesagt.
Mit zwei Anpassungstests wird überprüft, ob das Modell passt:

Chi-Quadrat-Anpassungstest nach Pearson
H_0: Modell passt
gegen
H_1: Modell passt nicht
Ablehnung von $H_0 \Leftrightarrow p$-Wert $\leq 0{,}05$

Der p-Wert des Chi-Quadrat-Anpassungstests nach Pearson beträgt im letzten Schritt 0,641; d.h. H_0 wird nicht abgelehnt; d.h. das Modell passt.

Der p-Wert des Chi-Quadrat-Anpassungstests gemäß der Abweichung beträgt im letzten Schritt 0,472; d.h. H_0 wird nicht abgelehnt; d.h. das Modell passt.

Mit dem Likelihood-Quotienten-Test lässt sich überprüfen, ob die unabhängigen Variablen Einfluss haben auf die abhängige Variable:

Für die unabhängige Variable Alter beträgt der p-Wert des Likelihood-Quotienten-Tests ungefähr null; d.h. die Nullhypothese wird abgelehnt; d.h. die unabhängige Variable Alter hat einen signifikanten Einfluss auf die abhängige Variable bevorzugtes Frühstück. Und für die unabhängige Variable Lebensform beträgt der p-Wert des Likelihood-Quotienten-Tests ungefähr null; d.h. die Nullhypothese wird abgelehnt; d.h. die unabhängige Variable Lebensform hat einen signifikanten Einfluss auf die abhängige Variable bevorzugtes Frühstück.

Mit dem Wald-Test wird überprüft, ob eine unabhängige Variable Einfluss hat auf die abhängige Variable. Dies wird getestet für jede Kategorie der abhängigen und der unabhängigen Variablen:

	Wald-Test
	H_0 : Die unabhängige Variable hat keinen Einfluss auf die abhängige Variable
	gegen
	H_1 : Die unabhängige Variable hat Einfluss auf die abhängige Variable
	Ablehnung von H_0 $\Leftrightarrow$ p-Wert $\leq 0{,}05$

Für die drei Kategorien der Variablen Y betragen die p-Werte des Wald-Tests:

	Frühstücks-Büfett	Hafer-flocken	Müsli
Kategorie	p-Wert	p-Wert	p-Wert
Konstanter Term	0,010	0,000	
Altersklasse 1	0,003	0,000	
Altersklasse 2	0,001	0,000	
Altersklasse 3	0,428	0,000	
Altersklasse 4	.	.	
Lebensform nein	0,000	0,342	
Lebensform ja	.	.	

Für die Frühstückskategorie Büfett in der Altersklasse 1 beträgt der p-Wert des Wald-Tests 0,003; d.h. H_0 wird abgelehnt; d.h. die erste Altersklasse hat einen signifikanten Einfluss auf das bevorzugte Frühstück Büfett. Für die Frühstückskategorie Büfett in der Altersklasse 3 beträgt der p-Wert des Wald-Tests 0,428; d.h. H_0 wird nicht abgelehnt; d.h. die Höhe dieser Altersklasse hat keinen Einfluss auf das bevorzugte Frühstück Büfett. Für die Frühstückskategorie Haferflocken in der Kategorie der inaktiven Lebensform beträgt der p-Wert des Wald-Tests 0,342; d.h. H_0 wird nicht abgelehnt; d.h. die inaktive Lebensform hat keinen Einfluss auf das bevorzugte Frühstück Haferflocken.

Die Parameter des Regressionsmodells betragen:

	Frühstücks-Büfett	Hafer-flocken	Müsli
Kategorie	B	B	B
Konstanter Term	−0,744	1,022	
Altersklasse 1	0,938	−4,256	
Altersklasse 2	1,047	−2,461	
Altersklasse 3	0,263	−1,115	
Altersklasse 4	0[b]	0[b]	
Lebensform nein	−0,786	0,178	
Lebensform ja	0[b]	0[b]	

b Der Wert dieses Parameters beträgt null, weil er überflüssig ist.

Mit diesem Regressionsmodell lässt sich für neue Kunden auf Basis des Alters und der Lebensform gezielt das bevorzugte Frühstück vorhersagen.

8.3.1 SPSS-Befehle Multinomiale logistische Regression

1) Öffnen Sie in der SPSS Datenansicht das Beispiel *cereal.sav*.

2) Analysieren → Regression → Multinomial logistisch …

3) Abhängige Variable = Frühstück
   Faktor(en)= Altersklasse
               Lebensform
               Geschlecht

4) Klicken Sie auf „Modell … ".
   Modell angeben=Benutzerdefiniert/Schrittweise
   Wählen Sie unter „Terme erstellen" im Dropdown-Menü „Haupteffekte" aus.
   Terme für erzwungenen Einschluss= Altersklasse
                                       Lebensform
   Klicken Sie auf „Weiter".

5) Klicken Sie auf „Statistiken … ".
   Unter „Modell" setzen Sie einen Haken bei „Zellwahrscheinlichkeiten", „Klassifikationstabelle", „Anpassungsgüte".

Unter „Parameter" setzen Sie einen Haken bei „Schätzungen" mit zugehörigem 95%-Konfidenzintervall. Den schon vorhandenen Haken bei „Tests für Likelihood-Quotienten" lassen Sie so stehen.
Klicken Sie auf „Weiter".

6) Klicken Sie auf „Speichern ...".
Unter „Gespeicherte Variablen" setzen Sie einen Haken bei „Vorhergesagte Kategorie". (Sie können auch einen Haken setzen bei „Geschätzte Wahrscheinlichkeiten für abhängige Variable", um zu sehen, wie knapp die Zuordnung des bevorzugten Frühstücks ausfiel.)
Klicken Sie auf „Weiter".

7) Klicken Sie auf „OK", um die Auswertung zu erhalten.

Das vorhergesagte Frühstück steht in der SPSS Datenansicht unter der Spalte PRE_1. (Falls Sie einen Haken gesetzt haben bei „Geschätze Wahrscheinlichkeiten für abhängige Variable", so finden Sie diese Wahrscheinlichkeiten in der Datenansicht unter den Spalten EST1_1 = Wahrscheinlichkeit für Frühstück Büfett, EST2_1 = Wahrscheinlichkeit für Frühstück Haferflocken, EST3_1 = Wahrscheinlichkeit für Frühstück Müsli.)

Die p-Werte der beiden Chi-Quadrat-Anpassungstests betragen 0,641 bzw. 0,472; d.h. das Modell passt:

Güte der Anpassung

	Chi-Quadrat	df	Sig.
Pearson	19,075	22	,641
Abweichung	21,801	22	,472

Die p-Werte des Likelihoodquotiententests betragen für das Alter 0,000 und für die Lebensform 0,000:

Likelihood-Quotienten-Tests

Effekt	Kriterien für die Modellanpassung −2 Log-Likelihood für reduziertes Modell	Test für Likelihood-Quotienten Chi-Quadrat	Freiheits-grade	Sig.
Konstanter Term	135,915[a]	,000	0	.
Altersklasse	451,066	315,151	6	,000
Lebensform	160,949	25,034	2	,000

Die Chi-Quadrat-Statistik stellt die Differenz der -2 Log-Likelihoods zwischen dem endgültigen Modell und einem reduzierten Modell dar. Das reduzierte Modell wird berechnet, indem ein Effekt aus dem endgültigen Modell weggelassen wird. Hierbei liegt die Nullhypothese zugrunde, nach der alle Parameter dieses Effekts null betragen.

a. Dieses reduzierte Modell ist zum endgültigen Modell äquivalent, da das Weglassen des Effekts die Anzahl der Freiheitsgrade nicht erhöht.

Insgesamt werden (118+251+127)/880 = 56,4 % aller beobachteten bevorzugten Frühstücks-Kategorien vom Modell korrekt vorhergesagt. Das ist wenig. Insb. werden 118 der 231 beobachteten Breakfast Bar Fälle korrekt vorhergesagt, d.h. 118/231 = 51,1 %. Und 251 der 310 beobachteten Oatmeal Fälle werden vom Modell korrekt vorhergesagt, d.h. 251/310 = 81,0 %. Und 127 der 339 beobachteten Cereal Fälle werden vom Modell korrekt vorhergesagt, d.h. 127/339 = 37,5 %.

Klassifikation

Beobachtet	Vorhergesagt Breakfast Bar	Oatmeal	Cereal	Prozent richtig
Breakfast Bar	118	34	79	51,1 %
Oatmeal	14	251	45	81,0 %
Cereal	96	116	127	37,5 %
Prozent insgesamt	25,9 %	45,6 %	28,5 %	56,4 %

Parameterschätzer

bevorz. Frühstück[a]		B	Standard-fehler	Wald	Freiheits-grade	Signifikanz	Exp(B)	95% Konfidenzintervall für Exp(B)	
								Untergrenze	Obergrenze
Frühst.Büfett	Konstanter Term	-,744	,287	6,707	1	,010	.		
	Alterskl.1	,938	,313	8,989	1	,003	2,555	1,384	4,719
	Alterskl. 2	1,047	,311	11,333	1	,001	2,848	1,549	5,239
	Alterskl. 3	,263	,332	,629	1	,428	1,301	,679	2,494
	Alterskl. 4	0[b]	.	.	0	.	.	.	.
	Lebensform nein	-,786	,181	18,945	1	,000	,456	,320	,649
	Lebensform ja	0[b]	.	.	0	.	.	.	.
Haferflocken	Konstanter Term	1,022	,195	27,478	1	,000	.		
	Alterskl. 1	-4,256	,533	63,770	1	,000	,014	,005	,040
	Alterskl. 2	-2,461	,275	80,174	1	,000	,085	,050	,146
	Alterskl. 3	-1,115	,208	28,727	1	,000	,328	,218	,493
	Alterskl. 4	0[b]	.	.	0	.	.	.	.
	Lebensform nein	,178	,187	,902	1	,342	1,195	,828	1,724
	Lebensform ja	0[b]	.	.	0	.	.	.	.

a Die Referenzkategorie lautet: Müsli.
b Dieser Parameter wird auf null gesetzt, weil er redundant ist.

Die letzte Kategorie der abhängigen Variablen und der unabhängigen Variablen wird von SPSS jeweils als Referenzkategorie bezeichnet und taucht in der Auswertung des Wald-Tests nicht auf.

Der SPSS-Tabelle „Parameterschätzer" können wir entnehmen, welche der ersten drei Kategorien der unabhängigen Variablen X_1 = Altersklasse" einen signifikanten Einfluss hat auf die erste Kategorie „Büfett" der abhängigen Variablen Y = „Frühstück": Mit den p-Werten von 0,003 bzw. 0,001 haben die ersten beiden Altersklassen einen signifikanten Einfluss auf die Frühstücks-Kategorie; während die dritte Altersklasse mit dem p-Wert von 0,428 keinen signifikanten Einfluss hat. Und die erste Kategorie „inaktive Lebensform" der unabhängigen Variablen X_2 = „Lebensform" hat mit einem p-Wert von 0,000 einen signifikanten Einfluss auf die erste Kategorie „Büfett" der abhängigen Variablen Y = „Frühstück".

Ferner haben die ersten drei Kategorien der unabhängigen Variablen „Altersklasse" jeweils mit einem p-Wert von 0,000 einen signifikanten Einfluss auf die zweite Kategorie „Haferflocken" der abhängigen Variablen „Frühstück"; während die inaktive Lebensform mit einem p-Wert von 0,342 keinen signifikanten Einfluss auf die Frühstücks-Kategorie „Haferflocken" hat.

Prognosen

Für eine 48-Jahre alte Frau mit aktivem Lebensstil soll das bevorzugte Frühstück vorhergesagt werden.

Geben Sie dazu in der Datenansicht von SPSS in der 881. Zeile folgende Werte ein: agecat=3, gender=1 and active=1. Lassen Sie anschließend von SPSS erneut eine multinomiale logistische Regression berechnen. Das vorhergesagte bevorzugte Frühstück ist die Kategorie 3=Müsli. Dieser Wert steht in der Datenansicht in der Zeile 881 in der Spalte PRE_2.

8.4   Ordinale Regression

Die abhängige Variable Y darf wie folgt skaliert sein:

nominal:	nein
ordinal:	ja
metrisch:	nein

Die unabhängigen Variablen $X_1, \ldots, X_p$ dürfen wie folgt skaliert sein:

nominal: ja
ordinal: ja
metrisch: nein

Beispiel 8.24 (*german_credit.sav* aus dem SPSS-Tutorial von IBM)
Eine Bank möchte die Kreditwürdigkeit ihrer Kunden auf Basis bestimmter Variablen vorhersagen können. Dazu wurden von Kunden folgende Daten erhoben:

$Y =$ Kredit-Status (chist)
1= nie Schulden (debts) gehabt, 2=aktuell bestehen keine Schulden, 3=laufende Zahlungen, 4=verspätete Zahlungen, 5=bedenkliche Abrechnungen

$X_1 =$ Anzahl weiterer laufender Kredite (1,2,3,4) (numcred)

$X_2 =$ weitere Abschlagszahlungen (othnstal)
1=an eine Bank, 2= an Geschäfte, 3=keine

$X_3 =$ Wohnen (housing)
1=zur Miete, 2=Eigentum, 3=freies Wohnen

$X_4 =$ Alter (in Jahren) (age)

$X_5 =$ Restlaufzeit des Kredits (in Monaten) (duration)
Anstatt die Nummer der Kategorie der Kredit-Status vorherzusagen, berechnet das ordinale Regressionsmodell die kumulierte Wahrscheinlichkeit der Kategorie. Dazu wird eine Linearkombination der Werte der unabhängigen Variablen gebildet:

$$link(y_j) = \theta_j - \left[\beta_1 x_1 + \ldots + \beta_p x_p\right] \; ; j = 1, \ldots, J$$

dabei bezeichnet $link$ die Verknüpfungsfunktion. Wir haben die Auswahl zwischen fünf Verknüpfungsfunktionen, die wir gemäß der Datenlage auswählen. Um die passende Verknüpfungsfunktion auszuwählen, schauen wir uns die Häufigkeitstabelle für die Variable Y Kredit-Status (account status) an:

Account status

		Häufigkeit	Prozent	Gültige Prozente	Kumulierte Prozente
Gültig	No debt history	40	4,0	4,0	4,0
	No current debt	49	4,9	4,9	8,9
	Payments current	530	53,0	53,0	61,9
	Payments delayed	88	8,8	8,8	70,7
	Critical account	293	29,3	29,3	100,0
	Gesamt	1000	100,0	100,0	

Die letzten drei Kategorien 3,4,5 sind stärker besetzt als die anfänglichen zwei Kategorien. Deshalb wählen wir Log-Log komplementär als Verknüpfungsfunktion aus. Die fünf Verknüpfungsfunktionen sind:

Name	Funktionsgleichung	Anwendung
Logit	$\log\left(\dfrac{\gamma}{1-\gamma}\right)$	Y hat gleich besetzte Kategorien
Log-Log komplementär	$\log(-\log(1-\gamma))$	höhere Kategorien von Y sind stärker besetzt
Log-Log negativ	$-\log(-\log(\gamma))$	niedrige Kategorien von Y sind stärker besetzt
Probit	$\Phi^{-1}(\gamma)$	latente Variable hat NV
Cauchit (Inverse Cauchy)	$\tan(\pi(\gamma-0,5))$	latente Variable hat extrem große/ kleine Werte

Was ist die sogenannte latente Variable? Das Modell einer latenten Variablen basiert auf der Annahme, dass die Kategorien von Y herrühren von einer sich im Hintergrund befindenden (latenten) stetigen Variablen, welche durch Angabe von Schwellenwerten diskret gemacht wurde.

Um die unabhängigen metrisch skalierten Variablen X_1=Anzahl der Kredite, X_4=Alter und X_5=Kredit-Restlaufzeit mit in das Modell aufnehmen zu können, klassieren wir die Realisationen wie folgt:

X_1= weitere laufende Kredite (numcred)
    1=höchstens ein Kredit, 2=mindestens zwei Kredite

X_4= Alter (in Jahren) (age)
    1=bis 30 Jahre, 2=31 bis 50 Jahre, 3=über 50 Jahre

X_5= Restlaufzeit des Kredits (in Monaten) (duration)
    1=bis 24 Monate, 2= über 24 Monate

Jetzt sind die Variablen X_1, X_4 und X_5 nicht mehr metrisch, sondern ordinal skaliert. (Es besteht in SPSS die Möglichkeit, metrisch skalierte Variablen als Kovariaten einzugeben. Das führt jedoch erfahrungsgemäß zu vielen Zellen, die mit null besetzt sind, so dass eine Überprüfung der Güte des Modells nicht mehr möglich ist.)

Ferner haben wir noch das Problem, dass die Variable Y zu viele Kategorien besitzt, deshalb sind dann viele Zellen mit null besetzt, was eine Überprüfung der Gültigkeit des Modells im Wege steht. Wir reduzieren die Anzahl der Kategorien von fünf auf drei wie folgt:

Y= Kredit-Status
    1= nie Schulden (debts) gehabt oder aktuell bestehen keine Schulden,
    2=laufende Zahlungen, 3=verspätete Zahlungen oder bedenkliche Abrechnungen

Die vorhergesagte Kategorie des Kredit-Status auf Basis des Wohn-Status, weiterer Kredite, wo die Schulden bestehen, des Alters und der Restlaufzeit der Kredite finden Sie in der SPSS-Datenansicht unter der Spalte PRE_1.

Ob die Vorhersagevariablen eine signifikante Verbesserung des Modells bringen, wird mit der Information zur Modellanpassung wie folgt überprüft:

Log-Likelihood-Chi-Quadrat-Test
H_0 : Die Vorhersagevariablen bringen keine Verbesserung
H_1 : Die Vorhersagevariablen bringen eine Verbesserung
Ablehnung von H_0 $\Leftrightarrow$ p-Wert $\leq$ 0,05

Der *p*-Wert des Log-Likelihood-Chi-Quadrat-Tests beträgt 0,000; d.h. die Vorhersagevariablen bringen eine Verbesserung des Modells.

Im ordinalen Regressionsmodell kann die Anpassungsgüte des Modells mit zwei Tests wie folgt überprüft werden:

Chi-Quadrat-Anpassungstest nach Pearson

H_0 : Beobachtete Zellhäufigkeiten und aufgrund des Modells vorhergesagte Zellhäufigkeiten unterscheiden sich nicht; d.h. die Anpassung ist gut

H_1 : Beobachtete Zellhäufigkeiten und aufgrund des Modells vorhergesagte Zellhäufigkeiten unterscheiden sich; d.h. die Anpassung ist schlecht

Ablehnung von $H_0 \Leftrightarrow p$-Wert $\leq 0,05$

Der *p*-Wert des Chi-Quadrat-Anpassungstests nach Pearson beträgt 0,000; d.h. die Anpassung ist schlecht.

Chi-Quadrat-Anpassungstest gemäß der Abweichung

H_0 : Beobachtete Zellhäufigkeiten und aufgrund des Modells vorhergesagte Zellhäufigkeiten unterscheiden sich nicht; d.h. die Anpassung ist gut

H_1 : Beobachtete Zellhäufigkeiten und aufgrund des Modells vorhergesagte Zellhäufigkeiten unterscheiden sich; d.h. die Anpassung ist schlecht

Ablehnung von $H_0 \Leftrightarrow p$-Wert $\leq 0,05$

Der *p*-Wert des Chi-Quadrat-Anpassungstests gemäß der Abweichung beträgt 0,000; d.h. die Anpassung ist schlecht.

Der Wald-Test prüft einzeln für jede Kategorie der unabhängigen Variablen, ob diese Kategorie einen signifikanten Einfluss hat auf die abhängige Variable. Dabei wird die jeweils letzte Kategorie der abhängigen Variablen und der unabhängigen Variablen von SPSS als Referenzkategorie bezeichnet und taucht in der Auswertung des Wald-Tests nicht auf.

> **Wald-Test**
> H_0 : Die i-te unabhängige Variable hat keinen Einfluss
> gegen
> H_1 : Die i-te unabhängige Variable hat einen Einfluss
> Ablehnung von H_0 $\Leftrightarrow$ p-Wert $\leq 0{,}05$

Mit einem p-Wert von 0,000 hat die Kategorie „höchstens ein Kredit" einen signifikanten Einfluss auf den Kreditstatus eines Kunden. Mit einem p-Wert von ebenfalls 0,000 hat die Kategorie „es bestehen weitere Abschlagszahlungen an eine Bank" einen signifikanten Einfluss auf den Kreditstatus des Kunden. Mit einem p-Wert von 0,028 hat die jüngste Altersklasse einen signifikanten Einfluss auf den Kreditstatus eines Kunden.

Mit einem p-Wert von 0,135 hat die Kategorie „es bestehen weitere Abschlagszahlungen an Geschäfte" keinen signifikanten Einfluss auf den Kreditstatus des Kunden. Mit p-Werten von 0,387 bzw. 0,644 hat der Wohnstatus „Miete" bzw. „Eigentum" keinen signifikanten Einfluss auf den Kreditstatus des Kunden. Mit einem p-Wert von 0,883 hat die zweite Altersklasse keinen signifikanten Einfluss auf den Kreditstatus des Kunden. Mit einem p-Wert von 0,689 hat die Restlaufzeit „bis 24 Monate" eines Kredits keinen signifikanten Einfluss auf den Kreditstatus des Kunden.

8.4.1 SPSS-Befehle Ordinale Regression

1) Öffnen Sie in der SPSS Datenansicht das Beispiel „german_credit.sav".

2) Analysieren → Regression → Ordinal ...

3) Abhängige Variable = chist_class
   Faktor(en)=   numcred_class
                 other installment debts
                 Housing
                 age_class
                 duration_class

4) Klicken Sie auf „Optionen ... ".
   Wählen Sie unter „Link" im Dropdown-Menü als Verknüpfungsfunktion „Log-Log komplementär" aus.
   Klicken Sie auf „Weiter".

5) Klicken Sie auf „Ausgabe …“.
   Unter „Anzeigen“ wählen Sie „Statistik für Anpassungsgüte“, „Auswertungsstatistik“, „Parameterschätzungen“ und „Parallelitätstest für Linien“ aus. Unter „Gespeicherte Variablen“ setzen Sie eine Haken bei „Vorhergesagte Kategorie“.
   (Sie können auch einen Haken setzen bei „Vorhergesagte Kategorienwahrscheinlichkeit“, um zu sehen, wie knapp die Zuordnung ausfiel.)
   Unter „Log-Likelihood drucken“ wählen Sie „Einschließlich multinomialer Konstante“ aus.
   Klicken Sie auf „Weiter“.

6) Klicken Sie auf „Kategorie …“.
   Unter „Modell bestimmen“ setzen Sie einen Haken bei „Haupteffekte“. Klicken Sie auf „Weiter“.

7) Klicken Sie auf „OK“, um die Auswertung zu erhalten.

Zunächst erscheint eine Warnung:

Warnungen

Es gibt 77 (33%) Zellen (also Niveaus der abhängigen Variablen über Kombinationen von Werten der Einflussvariablen) mit Null-Häufigkeiten.

Die angegebenen 33 % sind zu viel, unter 20 % müssten es sein. Hätten wir die Kategorien von Y nicht von fünf auf drei reduziert, so hätte es über 50 % Zellen mit Null-Häufigkeiten gegeben.
Es sind gute Vorhersagen zu erwarten, da der p-Wert des Log-Likelihood-Chi-Quadrat-Tests mit 0,000 kleiner ist als 0,05:

Information zur Modellanpassung

Modell	−2 Log-Likelihood	Chi-Quadrat	Freiheits-grade	Sig.
Nur konstanter Term	866,054			
Final	495,375	370,679	8	,000

Verknüpfungsfunktion: Log-Log komplementär.

Das Modell passt jedoch nicht, weil der Chi-Quadrat-Test nach Pearson und der Test gemäß der Abweichung p-Werte haben, die mit Werten von 0,000 unter 0,05 liegen:

Anpassungsgüte

	Chi-Quadrat	Freiheitsgrade	Sig.
Pearson	506,518	144	,000
Abweichung	312,784	144	,000

Verknüpfungsfunktion: Log-Log komplementär.

Insgesamt werden (478+280)/1000 = 75,8 % der vorhergesagten Kategorien korrekt vorhergesagt; d.h. 75,8 % der vorhergesagten Kategorien stimmen überein mit den beobachteten Kategorien:

chist_class * Vorhergesagte Antwortkategorie Kreuztabelle

Anzahl

		Vorhergesagte Antwortkategorie 2	3	Gesamt
chist_class	1	54	35	89
	2	478	52	530
	3	101	280	381
Gesamt		633	367	1000

Die Schätzer für die einzelnen Parameter sind der nachfolgenden Tabelle zu entnehmen. Dabei kann gleichzeitig mit dem p-Wert des Wald-Tests nachgeschaut werden, ob die unabhängigen Variablen Einfluss haben auf die abhängige Variable:

Parameterschätzer

		Schätzer	Standard-fehler	Wald	Freiheits-grade	Sig.	Konfidenzintervall 95%	
							Untergrenze	Obergrenze
Schwelle	[chist_class = 1,00]	-4,104	,241	290,378	1	,000	-4,576	-3,632
	[chist_class = 2,00]	-1,496	,212	49,683	1	,000	-1,912	-1,080
Lage	[numcred_class=1,00]	-1,823	,117	242,468	1	,000	-2,052	-1,593
	[numcred_class=2,00]	0^a	.	.	0	.	.	.
	[othnstal=1,00]	-,456	,129	12,460	1	,000	-,709	-,203
	[othnstal=2,00]	-,318	,212	2,238	1	,135	-,734	,099
	[othnstal=3,00]	0^a	.	.	0	.	.	.
	[housng=1,00]	-,153	,177	,748	1	,387	-,500	,194
	[housng=2,00]	,069	,149	,213	1	,644	-,223	,361
	[housng=3,00]	0^a	.	.	0	.	.	.
	[age_class=1,00]	-,343	,156	4,843	1	,028	-,649	-,038
	[age_class=2,00]	-,022	,152	,022	1	,883	-,320	,275
	[age_class=3,00]	0^a	.	.	0	.	.	.
	[duration_class=1,00]	-,043	,108	,161	1	,689	-,254	,168
	[duration_class=2,00]	0^a	.	.	0	.	.	.

Verknüpfungsfunktion: Log-Log komplementär.
a. Dieser Parameter wird auf null gesetzt, weil er redundant ist.

Positive Schätzer bedeuten, dass die betreffende Kategorie der unabhängigen Variablen bei der abhängigen Variablen eine eher höhere Kategorie bewirkt. D.h. der Wert −0,343 hier im Modell besagt zum Beispiel, dass junge Leute eher einen solideren Kreditstatus bewirken.

Prognosen

Für einen neuen Kunden soll sein Kredit-Status vorhergesagt werden. Der Kunde ist 34 Jahre alt, bewohnt Eigentum, und hat noch einen Kredit bei einer Bank laufen mit einer Restlaufzeit von acht Monaten.

Folgende Werte werden dazu in 1001. Zeile der Datenansicht eingegeben: numcred_class = 1 (X_1 klassiert), othnstal = 1 (X_2), housing = 2 (X_3), age_-class = 2 (X_4 klassiert). Lassen Sie anschließend von SPSS erneut eine ordinale Regression berechnen. Der vorhergesagte Kredit-Status ist die Kategorie 2 der klassierten Variablen chist_class; d.h. der neue Kunde hat keinen guten, aber auch keinen schlechten Kredit-Status. Der vorhergesagte Wert steht in der Datenansicht in der Zeile 1001 in der Spalte PRE_2.

8.5 Zusammenfassung

Bei der Auswahl des Regressionsverfahrens wird wie folgt unterschieden nach der Skalierung der abhängigen Variablen und der unabhängigen Variablen:

Regressionsanalyse		
	Skalierung	
Name	abhängige Variable	unabhängige Variablen
Lineare Regression	metrisch	metrisch
Binäre logistische Regression	binär	nominal, ordinal, metrisch
Multinomiale logistische Regression	nominal	nominal, ordinal
Ordinale Regression	ordinal	nominal, ordinal

9 Diagramme

In diesem Kapitel werden wir einige Grafiken kennenlernen, die sich in SPSS erstellen lassen. Eine Übersicht über alle Grafik-Möglichkeiten findet sich in SPSS unter:

Grafik → Klassische Dialogfelder

Oder:

Grafik → Diagrammerstellung ... → ok

9.1 Streudiagramm

Aus der Statistik-Grundausbildung kennen wir schon das Streudiagramm und die Regressionsgerade.

Beispiel 9.1 (*vw_golf.sav* Quelle: eigene Recherche)
Von zehn Gebrauchtwagen vom Typ VW-Golf wurde der Verkaufspreis und die Laufleistung (in km) festgehalten. Wir möchten ein Streudiagramm für die unabhängige Variable „Laufleistung" und für die abhängige Variable „Preis" zeichnen mit eingetragener Regressionsgerade.
Als SPSS-Ausgabe erhalten wir das Streudiagramm mit der eingetragenen Regressionsgerade $f(x) = 9\,632{,}299 - 0{,}04 \cdot x$ sowie das Bestimmtheitsmaß $B = 0{,}52$. Daraus ergibt sich ein Korrelationskoeffizient $r = -\sqrt{0{,}52} = -0{,}72$, d.h. es liegt ein negativer mittlerer linearer Zusammenhang vor; d.h. es gibt eine mittelstarke Tendenz dafür, dass mit steigender Laufleistung der Verkaufspreis des Gebrauchtwagens sinkt.

Eingabe

Marke/Typ	Erstzul.	km	Preis (in €)
VW Golf	2016	96 800	7 450
VW Golf	2015	179 000	3 700
VW Golf	2014	138 000	3 490
VW Golf	2013	93 094	2 900
VW Golf	2008	196 891	1 190
VW Golf	2018	99 300	7 650
VW Golf	2016	67 000	6 300
VW Golf	2015	94 000	6 990
VW Golf	2015	126 000	3 600
VW Golf	2017	112 000	5 900

Befehle

1) Analysieren → Regression → Kurvenanpassung…

2) Abhängige Variable(n) = Preis
   Unabhängige Variable = Laufleistung

3) Unter „Modelle" einen Haken bei „Linear" setzen.

4) Zum Erstellen der Grafik auf „ok" klicken.

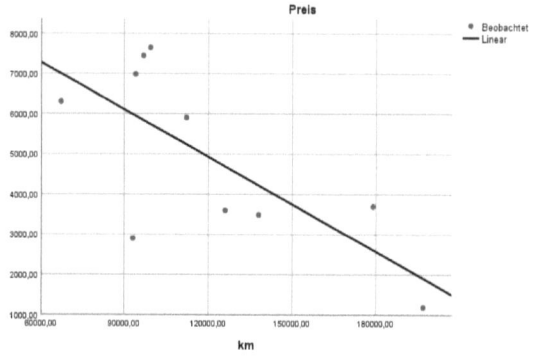

Im nachfolgenden Beispiel 9.2 soll ein Streudiagramm mit Fallbeschriftung gezeichnet werden.

Beispiel 9.2 (*sales_profit_2016.sav* Quelle: Forbes)
Im Jahr 2016 wurden von den zwanzig Umsatz-stärksten Unternehmen der Welt die Umsätze (in Mrd. US$) und Gewinne (in Mio. US$) festgehalten:

Rank Company	Sales	Profits	Rank
ICBC	171,1	44,2	1
China Construction Bank	146,8	36,4	2
Agricultural Bank of China	131,9	28,8	3
Berkshire Hathawy	210,8	24,1	4
JPMorgan Chase	99,9	23,5	5
Bank of China	122,0	27,2	6
Wells Fargo	91,4	22,7	7
Apple	233,3	53,7	8
Exxon Mobil	236,8	16,2	9
Toyota Motor	235,8	19,3	10
Bank of America	91,5	15,8	11
AT&T	146,8	13,2	12
Citigroup	85,9	15,8	13
HSBC	70,3	13,5	14
Verizon Communications	131,8	18,0	15
Wal-Mart Stores	482,1	14,7	16
Petro China	274,6	5,7	17
China Mobile	107,8	17,1	18
Samsung Electronics	177,3	16,5	19
Ping An Insurance	98,7	8,7	20
Allianz SE	115,4	7,3	21
Volkswagen AG	246,2	7,1	22
Microsoft	86,6	10,2	23
BNP Paribas	74,9	7,4	24
Daimler	165,7	9,3	25

Befehle
Ein Streudiagramm mit Fallbeschriftung erhalten wir wie folgt:

1) Grafik → Diagrammerstellung ... → ok

2) Wählen Sie „Streu-/Punktdiagramm" aus.

3) Ziehen Sie das erste Symbol „einfaches Streudiagramm" in die Diagrammvorschau.

4) Ziehen Sie die Variable „sales" in das x-Achsen-Feld und die Variable „profit" in das y-Achsen-Feld.

5) Gruppen/Punkt-ID → Punkt-ID-Beschriftung

6) Ziehen Sie die Variable „corporation" in das vorgesehene Feld für die Punktbeschriftungsvariable.

7) ok

9.2   Balkendiagramm

Beispiel 9.3 (*Redezeit_Oscar_Filme.sav* aus SZ vom 02.02.2019)
In dem sogenannten Bechdel-Test (benannt nach der US-Amerikansichen Kartoonistin Alison Bechdel) wird der Status von weiblichen Filmrollen anhand der folgenden drei Fragen untersucht: Gibt es mindestens zwei Frauenrollen? Sprechen sie miteinander? Unterhalten sie sich über etwas anderes als einen Mann?
Die mit dem Oscar in der Kategorie „bester Film" prämierten Spielfilme

aus den Jahren 1991 bis 2016 wurden untersucht hinsichtlich der Anzahl der Worte von Protagonisten, die mehr als 100 Worte sprechen. Es ergaben sich folgende Anteile (Angaben in Prozent) der weiblichen Darsteller und der männlichen Darsteller:

Jahr	Film	Männer	Frauen
1991	Der mit dem Wolf tanzt	90,00	10,00
1992	Das Schweigen der Lämmer	61,00	39,00
1993	Erbarmungslos	92,00	8,00
1994	Schindlers Liste	100,00	0,00
1995	Forrest Gump	83,00	17,00
1996	Braveheart	83,00	17,00
1997	Der Englische Patient	76,00	24,00
1998	Titanic	63,00	37,00
1999	Shakespeare in Love	75,00	25,00
2000	American Beauty	59,00	41,00
2001	Gladiator	85,00	15,00
2002	A Beautiful Mind	81,00	19,00
2003	(Stummfilm)		
2004	Die Rückkehr des Königs	96,00	4,00
2005	Million Dollar Baby	81,00	19,00
2006	L.A.Crash	76,00	24,00
2007	The Departed-Unter Feinden	92,00	8,00
2008	No Country For Old Men	85,00	15,00
2009	Slumdog Millionär	93,00	7,00
2010	Tödliches Kommando	100,00	,00
2011	The King's Speech	90,00	10,00
2012	(Musikfilm)		
2013	Argo	96,00	4,00
2014	12 Years a Slave	82,00	18,00
2015	Birdman	69,00	31,00
2016	Spotlight	94,00	6,00

Befehle

1) Grafik → Klassische Dialogfelder → Balken …

2) „Gestapelt" auswählen.

Haken bei „Auswertung über verschiedene Variablen"
„Definieren" anklicken.

3) Bedeutung der Balken = Redezeit Frauen
                        = Redezeit Männer
   (Statistik ändern = „Summe")
   Kategorienachse = „Titel"

4) OK

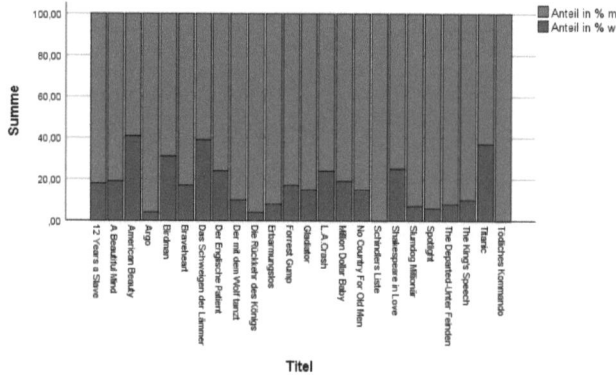

Trotz der Schwarz-Weiß-Grafik ist deutlich ersichtlich, dass in den benannten Oscar-Spielfilmen Frauen wesentlich weniger reden als Männer. Im Durchschnitt beträgt der Redebeitrag von Frauen 16,6%.

9.3 Tortendiagramm

Beispiel 9.4 (*Im_Ex_2005.sav* Quelle: WTO)
Die Importe (in US$) und die Exporte (in US$) sollen für die Regionen Afrika, Asien, Commonwealth and Independent States, Europa, Mittlerer Osten, Nord Amerika, Süd- und Mittelamerika grafisch in zwei getrennten Tortendiagrammen dargestellt werden:

Region	Population 2005	Imports 2005	Exports 2005
Africa	915 210 928	249 259	593 583
Asia	3 667 774 066	2 987 616	6 589 809
CIS	33 956 977	215 958	675 659
Europe	807 289 020	4 440 739	3 987 984
Middle East	190 084 161	322 136	1 069 630
North America	331 473 276	2 283 704	1 477 493
South and Central America	553 908 632	295 319	354 573
Total	6 499 697 060	10 794 730	14 748 730

Population: *www.internetworldstats.com*

Exports/Imports: *www.wto.org*

Befehle

Das Tortendiagramm der Importe erhalten wir wie folgt:

1) Grafik → Klassische Dialogfelder → Kreis ...

2) Haken bei „Werte einzelner Fälle"
   Definieren

3) Ausschnitte entsprechen = I_Year_2005
   Ausschnittsbeschriftung: Variable = Region

4) OK

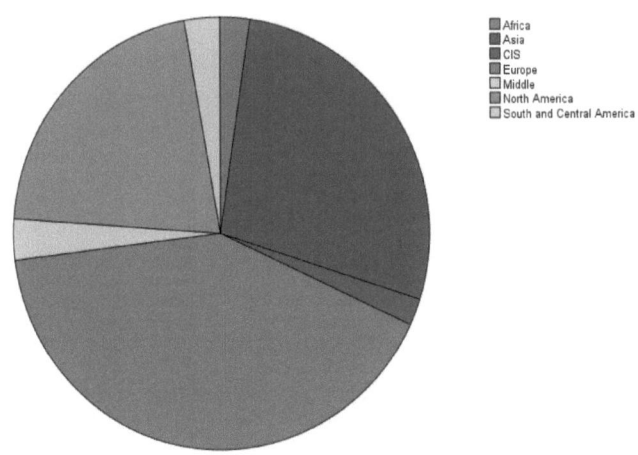

9.4 Boxplot

In der Praxis entsteht häufig der Wunsch, für zwei Datensätze einen schnellen visuellen Vergleich zu haben. Dazu sollten pro Datensatz folgende fünf Kennzahlen berechnet werden:

1) Der kleinste Wert x_{min} des Datensatzes.

2) Der 25%-Punkt $x_{0,25}$ des Datensatzes.

3) Der Median $x_{0,50}$ des Datensatzes.

4) Der 75%-Punkt $x_{0,75}$ des Datensatzes.

5) Der größte Wert x_{max} des Datensatzes.

In einem sogenannten **Boxplot** werden diese fünf Werte durch senkrechte Striche auf der Zahlengerade dargestellt. Zusätzlich wird noch ein rechteckiger Kasten um die mittleren 50% gezeichnet:

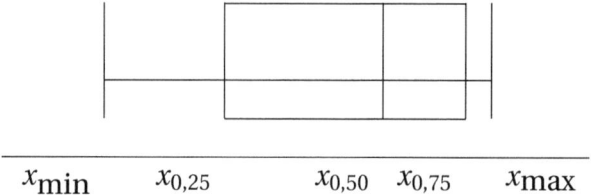

$$x_{min} \qquad x_{0,25} \qquad\quad x_{0,50} \;\; x_{0,75} \qquad x_{max}$$

Anmerkung: Der US-amerikanische Statistiker Tukey (1915 - 2000) hat einen Beobachtungswert x als **Ausreißer** bezeichnet, falls der Wert x mehr als das 1,5-Fache des Quartilsabstands unterhalb des unteren Quartils bzw. oberhalb des oberen Quartils liegt:

$$x=\text{Ausreißer} \Leftrightarrow x < x_{0,25} - 1,5 \cdot (x_{0,75} - x_{0,25})$$
$$x=\text{Ausreißer} \Leftrightarrow x > x_{0,75} + 1,5 \cdot (x_{0,75} - x_{0,25})$$

Beispiel 9.5 (*G8_Exports_1995_2017.sav* Quelle: WTO)
In den Jahren 1995 bis 2017 betrugen die Exporte (in Mio. US$) der G8-Staaten:

Jahr	CDN	USA	F	D	I	GB	RUS	CHN	JP
1995	192197	584743	301162	523461	233766	237953	81095	148780	443116
1996	201633	625073	305509	524649	252293	258527	88600	151048	410901
1997	214422	689182	302144	512891	240414	280406	88330	182792	420957
1998	214327	682138	320631	543752	245801	273949	74884	183712	387927
1999	238446	695797	325520	543529	235559	272161	75665	194931	417610
2000	276635	781918	327616	551818	240521	285429	105565	249203	479249
2001	259858	729100	323379	571645	244490	272715	101884	266098	403496
2002	252394	693103	331719	615831	254427	280195	107301	325596	416726
2003	272739	724771	392039	751560	299333	305627	135929	438228	471817
2004	316547	818775	452106	909887	353782	347493	183207	593326	565675
2005	359399	904383	460157	969858	367200	382761	243569	761954	594905
2006	388178	1025967	495868	1108107	416875	448653	303551	968980	646725
2007	420693	1148199	559624	1321352	500088	439109	354403	1220450	714327
2008	456471	1287442	615913	1446392	543050	459685	471606	1430690	782047
2009	316713	1056043	484725	1126383	405777	352491	303388	1201610	580719
2010	388019	1278263	520661	1268874	447535	405666	400132	1577820	769839
2011	452000	1480000	596000	1472000	522000	473000	522000	1906312	823000
2012	454840	1547280	569070	1407100	500240	468370	529000	2048710	798570
2013	458000	1580000	580000	1453000	518000	542000	523000	2209010	715000
2014	475000	1621000	583000	1508000	529000	506000	498000	2342290	684000
2015	408000	1505000	506000	1329000	459000	460000	340000	2273470	625000
2016	390120	1454610	501260	1339650	461520	412100	259300	2098160	644930
2017	433000	1576000	541300	1401000	499100	436500	336800	2157000	683300

Befehle

Der Boxplot der Exporte der G8-Staaten US, Canada, Germany, Italy, France, United Kingdom, Japan, Russian Federation ergibt sich in SPSS wie folgt:

1) Öffnen Sie die Datei *G8_Exports_1995_2017.sav*

2) Grafik → Klassische Dialogfelder → Boxplot

3) Einfach
   Auswertung über verschiedene Variablen
   Definieren

4) Box entspricht: US, Canada, Germany, Italy, France, United Kingdom, Japan, Russian Federation
   Fallbeschriftung = Year

5) ok

Ausgabe

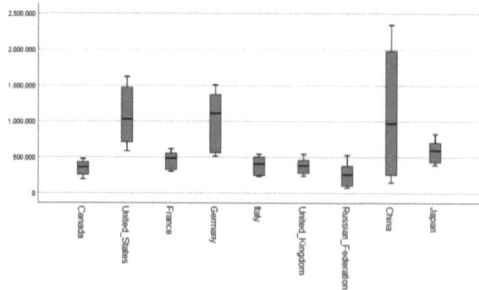

Der „Gürtel" = Median von Germany sitzt am höchsten, d.h. in den Jahren 1995 bis 2017 hat Deutschland das höchste mediane Exportvolumen (gemessen in Mio. US$). Am niedrigsten sitzt der Gürtel bei Russian Federation, d.h. Russland hat die kleinste mediane Exportmenge. Ferner ist der Interquartilsrange, also der Abstand zwischen dem 25%- und dem 75%-Punkt, bei China am größten und bei United Kingdom am kleinsten, d.h. in China schwanken die jährlichen Exportmengen am stärksten und in United Kingdom am geringsten.

Beispiel 9.6 (*survey_sample.sav* aus dem Tutorial von IBM)
Für das Beispiel *survey_sample.sav* aus dem SPSS-Tutorial ergibt sich die Boxplot-Darstellung des Fernsehkonsums getrennt nach Frauen und Männern wie folgt:

Befehle

1) Öffnen Sie die Datei *survey_sample.sav*

2) Grafik → Diagrammerstellung ... → ok

3) Boxplot ...

4) *x*-Achse = Geschlecht
   y-Achse = tv hours

5) ok

Ausgabe

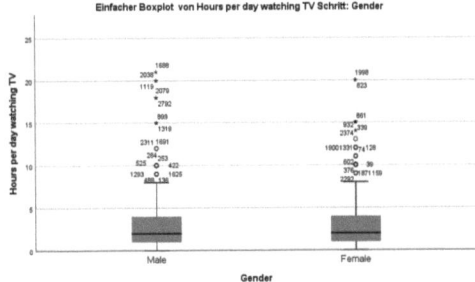

Im Boxplot liegen die beide Mediane auf gleicher Höhe, auch die Abstände zwischen dem 25%-Punkt und dem 75%-Punkt sind gleich groß. Es gibt also keine Unterschiede im TV-Konsum von Frauen und Männern.
Die vielen einzelnen Punkte im Boxplot stuft SPSS als Ausreißer ein.

10 Varianzanalyse

Hauptaufgabe: Die Grundgesamtheit wurde in unterschiedliche Gruppen zerlegt. Nun soll geprüft werden, ob die Verteilung einer oder mehrerer Variablen in diesen Gruppen unterschiedlich ist. Die Variablen dürfen wie folgt skaliert sein:

> nominal: nein
> ordinal: nein
> metrisch: ja

Voraussetzung der Varianzanalyse ist: Normalverteilung der Variablen in jeder Gruppe, die Variable soll über die einzelnen Gruppen stochastisch unabhängig sein und die Varianzen der Variablen in den einzelnen Gruppen sollen homogen/gleich groß sein.

Die Normalverteilung wird für kleine Stichprobenumfänge mit einem Anpassungstest (Lilliefors, Shapiro-Wilk, Jarque-Bera) untersucht, für größere Stichprobenumfänge mit einem QQ-Plot. Die Überprüfung der Homogenität der Varianzen leistet der Levene-Test.

10.1   Drei oder mehr Gruppen

Zunächst betrachten wir ein Beispiel mit genau drei Gruppen.

Beispiel 10.1 (*Aisle_Location.sav* aus Berenson et al. [2015] p. 489)
In einer Supermarktkette soll untersucht werden, ob der Absatz von Spielzeug für Haustiere abhängt von der Position der Ware im Verkaufsregal. Dabei werden drei Positionierungs-Typen unterschieden: Vorne, Mitte, hinten.

1. Gruppe: Umsatz von Filialen, bei denen die Ware vorne im Regal platziert ist.

2. Gruppe: Umsatz von Filialen, bei denen die Ware in der Mitte eines Regals platziert ist.

3. Gruppe: Umsatz von Filialen, bei denen die Ware hinten im Regal platziert ist.

Frage: Ist die Verteilung der Variablen „Umsatz" (gemessen in 1 000 US $) in den drei Gruppen unterschiedlich?

Da die Teststatistik $F_{emp.}$ das Verhältnis von zwei empirischen Varianzen ist, heißt dieser Test auch Varianzanalyse, im Englischen „$\boxed{an}$alysis $\boxed{o}$f $\boxed{va}$riance" (kurz: ANOVA).

Am Ende des beobachteten Monats ergaben sich in den achtzehn Filialen folgende Umsätze (in 1 000 US $) von Haustier-Spielzeug in Abhängigkeit der Positionierung der Ware im Verkaufsregal:

$Y_{ij}=$ Umsatz in der i-ten Gruppe
für die j-te Filiale

Umsatz (in 1 000 US $)

Position der Ware		
vorne	Mitte	hinten
8,6	3,2	4,6
7,2	2,4	6,0
5,4	2,0	4,0
6,2	1,4	2,8
5,0	1,8	2,2
4,0	1,6	2,8

Als Voraussetzung für die spätere Varianzanalyse überprüfen wir, ob die Umsätze in den drei Regalpositionierungs-Typen normalverteilt sind. Für die Positionierung „vorne" betragen die Schiefe $S_{SPSS} = 0{,}495$, d.h. $S = 0{,}452$ und die Kurtosis $K_{SPSS} = -0{,}306$, d.h. $K = 2{,}038$; der p-Wert des Shapiro-Wilk-Tests beträgt 0,948. Für die Positionierung „Mitte" betragen die Schiefe $S_{SPSS} = 1{,}158$, d.h. $S = 1{,}057$ und die Kurtosis $K_{SPSS} = 1{,}103$, d.h. $K = 2{,}521$; der p-Wert des Shapiro-Wilk-Tests beträgt 0,492. Für die Positionierung „hinten" betragen die Schiefe $S_{SPSS} = 0{,}745$, d.h. $S = 0{,}680$

und die Kurtosis $K_{\text{SPSS}} = -0{,}361$, d.h. $K = 2{,}019$; der p-Wert des Shapiro-Wilk-Tests beträgt 0,565. D.h. in den drei Gruppen hat der Umsatz eine Normalverteilung.

Mit dem Levene-Test wird die Voraussetzung der Homogenität der Varianzen geprüft. Der p-Wert vom Levene-Test beträgt 0,142; d.h. es liegt Homogenität der Varianzen vor.

Bei einer Varianzanalyse müssen die Stichprobenumfänge in den einzelnen Gruppen nicht gleich groß sein. In diesem Beispiel liegt ein Sonderfall vor, dass die Stichprobenumfänge in jeder Gruppe gleich groß sind, nämlich $n_1 = n_2 = n_3 = 6$ in jeder Gruppe. Die geforderte stochastische Unabhängigkeit lässt sich mit Hilfe von SPSS nicht überprüfen. Wir nehmen an, dass die drei Variablen $Y_1 = $ „Umsatz (in 1 000 US \$ pro Monat), falls Ware vorne im Regal platziert wird", $Y_2 = $ „Umsatz (in 1 000 US \$ pro Monat), falls Ware in der Mitte vom Regal platziert wird", $Y_3 = $ „Umsatz (in 1 000 US \$ pro Monat), falls Ware hinten im Regal platziert wird" stochastisch unabhängig sind. Aufgrund des Levene Tests und aufgrund des Shapiro-Wilk-Tests sind die Voraussetzungen der Homogenität der Varianzen sowie der Normalverteilung erfüllt. Jedoch könnten die drei Erwartungswerte μ_1, μ_2, μ_3 eventuell unterschiedlich sein:

$$Y_1 \sim N\left(\mu_1; \sigma^2\right)$$
$$Y_2 \sim N\left(\mu_2; \sigma^2\right)$$
$$Y_3 \sim N\left(\mu_3; \sigma^2\right)$$

Die univariate Varianzanalyse testet zum Niveau $\alpha = 0{,}05$, ob die Erwartungswerte der Variablen $Y = $ „Umsatz" in mindestens zwei der drei Gruppen unterschiedlich sind:

$$H_0: \quad \mu_1 = \mu_2 = \mu_3$$
versus
$$H_1: \quad \mu_i \neq \mu_k \text{ für mindestens ein Indexpaar } (i; k)$$

In Worten:

> **Varianzanalyse**
>
> H_0:   Die erwarteten Umätze sind in den drei Gruppen gleich
>   groß; kurz: $\mu_1 = \mu_2 = \mu_3$
>
> versus
>
> H_1:   In mindestens zwei Gruppen sind die erwarteten
>   Umsätze unterschiedlich; kurz: $\mu_i \neq \mu_k$ für mindestens
>   ein Indexpaar $(i; k)$
>
> Ablehnung von $H_0 \Leftrightarrow p$-Wert $\leq \alpha$

Der empirische Wert der Teststatistik F für dieses Beispiel beträgt:

$$F\text{emp.} = \frac{\frac{1}{I-1}\sum_{i=1}^{I} n_i(\overline{y}_i - \overline{y})^2}{\frac{1}{n-I}\sum_{i=1}^{I}\sum_{j=1}^{n_i}(y_{ij} - \overline{y}_i)^2} = \frac{\frac{1}{2}\cdot 14{,}444}{\frac{1}{15}\cdot 25{,}760} = \frac{24{,}222}{1{,}7173} = 14{,}105$$

Der p-Wert für dieses Beispiel beträgt:

$$P_{I-1;n-I}(F > F\text{emp.}) = P_{2;15}(F > 14{,}105) = 0{,}000\,357\,933\,6$$
$$p\text{-Wert} \approx 0{,}0004 < 0{,}05 = \alpha$$

d.h. die Nullhypothese wird abgelehnt; d.h. mindestens zwei Erwartungswerte unterscheiden sich signifikant; d.h. im Mittel unterscheidet sich der
Umsatz in mindestens zwei der drei verschiedenen Gruppen signifikant.

Interpretation: In dem Beispiel betrugen die Umsätze in Filialen, bei denen die Ware vorne im Regal platziert war, im Durchschnitt 6 067 \$US pro
Monat. Die Umsätze in Filialen, bei denen die Ware in der Mitte im Regal platziert war, betrugen im Durchschnitt 2 067 \$US pro Monat. Die Um-
sätze in Filialen, bei denen die Ware in hinten im Regal platziert war, betrugen im Durchschnitt 3 733 \$US pro Monat. D.h. in der Stichprobe wa-
ren die durchschnittlichen Umsätze unterschiedlich. Diese Unterschiede
in der Stichprobe reichten auch aus, dass der Test behaupten darf, dass in
der Grundgesamtheit, also in den drei Produkt-Positionierungs-Gruppen
aller Supermärkte, signifikant unterschiedliche mittlere Umsätze gemacht
werden.

10.2   Sonderfall: Zwei Gruppen

Wir behandeln jetzt den Sonderfall, dass die Grundgesamtheit in lediglich zwei Gruppen aufgeteilt wurde. Hier kann statt der Varianzanalyse auch der *t*-Test bei unabhängigen Stichproben oder der Welch-Test durchgeführt werden, je nachdem ob Homo- oder Heterogenität der beiden Varianzen vorliegt.

Beispiel 10.2 (*Pisa-Studie-Gruppen.sav* aus Handl [2002] S. 294)
Alle Länder, die an der PISA-Studie 2000 (Program for International Student Assessment) teilgenommen haben, werden wie folgt in drei Gruppen aufgeteilt:

   1. Gruppe: Länder mit geringem Zeitaufwand für Hausaufgaben.

   2. Gruppe: Länder mit mittlerem Zeitaufwand für Hausaufgaben.

   3. Gruppe: Länder mit großem Zeitaufwand für Hausaufgaben.

Frage: Ist die Verteilung der Variablen „Mathematische Grundbildung" (gemessen in Punkten) in der ersten Gruppe anders als in der dritten Gruppe?

Die erste Gruppe bezeichnet Länder in der Pisa-Studie mit geringem Zeitaufwand für Hausaufgaben, die dritte Gruppe sind Länder mit großem Zeitaufwand für Hausaufgaben. Erfasst wurden die Punktzahlen für mathematische Grundbildung. Es soll überprüft werden, ob sich die Mittelwerte der mathematischen Grundbildung in beiden Gruppen signifikant unterscheiden.

1. Gruppe		3. Gruppe	
Land	Punkte	Land	Punkte
FIN	536	GR	447
J	557	GB	529
FL	514	IRL	503
L	446	I	457
A	515	LV	463
S	510	MEX	387
CH	529	PL	470
CZ	498	RUS	478
		E	476
		H	488
$n_1 = 8$ $\overline{y}_1 = 513{,}125$		$n_3 = 10$ $\overline{y}_3 = 469{,}8$	
$n = n_1 + n_3 = 18$ und $\overline{y}_1 - \overline{y}_3 = 43{,}325$			

Als Voraussetzung für den späteren t-Test überprüfen wir, ob die mathematische Grundbildung in den beiden Gruppen normalverteilt ist. Für die erste Gruppe betragen die Schiefe $S_{SPSS} = -1{,}128$, d.h. $S = -1{,}055$ und die Kurtosis $K_{SPSS} = 2{,}487$, d.h. $K = 3{,}518$; der Wert der Teststatistik vom Jarque-Bera Test beträgt $T = 1{,}573$. Für die dritte Gruppe betragen die Schiefe $S_{SPSS} = -0{,}875$, d.h. $S = -0{,}830$ und die Kurtosis $K_{SPSS} = 2{,}412$, d.h. $K = 3{,}861$; der Wert der Teststatistik vom Jarque-Bera Test beträgt $T = 1{,}457$. Ferner betragen die p-Werte der beiden weiteren Tests auf Normalverteilung:

Gruppe	p-Wert	
	Lilliefors	Shapiro-Wilk
1	$\geq 0{,}2$	0,392
3	$\geq 0{,}2$	0,490

D.h. in beiden Gruppen liegt eine NV der mathematischen Grundbildung vor.

Mit dem Levene-Test wird die Voraussetzung der Homogenität der Varianzen geprüft. Der p-Wert vom Levene-Test beträgt 0,761; d.h. es liegt Homogenität der Varianzen vor.

Bei einem t-Test müssen die Stichprobenumfänge in den einzelnen Gruppen nicht gleich groß sein. Die geforderte stochastische Unabhängigkeit lässt sich mit Hilfe von SPSS nicht überprüfen.

Wir nehmen an, dass die beiden Variablen Y_1 = „Punktzahl für mathematische Grundbildung in Gruppe 1" und Y_3 = „Punktzahl für mathematische Grundbildung in Gruppe 3" stochastisch unabhängig sind. Aufgrund des Levene Tests und aufgrund des Shapiro-Wilk-Tests sind die Varianzen homogen und es liegen Normalverteilungen vor. Jedoch könnten die beiden Erwartungswerte μ_1, μ_3 eventuell unterschiedlich sein:

$$Y_1 \sim N\left(\mu_1; \sigma^2\right)$$
$$Y_3 \sim N\left(\mu_3; \sigma^2\right)$$

Wir betrachten den t-Test bei unabhängigen Stichproben zum Niveau $\alpha = 0{,}05$:

$$H_0 : \mu_1 = \mu_3 \text{ versus } H_1 : \mu_1 \neq \mu_3$$

Der empirische Wert für t lautet:

$$t\text{emp.} = \frac{\overline{y}_1 - \overline{y}_2}{\sqrt{\frac{1}{n_1+n_2-2}\sum_{i=2}^{2}\sum_{j=1}^{n_i}(y_{ij} - \overline{y}_i)^2}} = 2{,}578$$

Der p-Wert für dieses Beispiel beträgt:

$$
\begin{aligned}
2 \cdot P_{n_1+n_2-2}(t > |\,t\text{emp.}\,|) &= 2 \cdot P_{16}(t > |\,2{,}578\,|) \\
&= 2 \cdot P_{16}(t > 2{,}578) \\
&= 2 \cdot 0{,}01011188 \\
&= 0{,}020
\end{aligned}
$$

Somit haben wir folgende Test-Entscheidung: p-Wert$=0{,}020 \leq 0{,}05 = \alpha$; d.h. H_0 wird abgelehnt; d.h. bei großem und geringem Zeitaufwand für Hausaufgaben ist die mathematische Grundbildung signifikant unterschiedlich.

Anmerkung: Liegen genau zwei Gruppen vor, so unterscheiden sich der p-Wert vom t-Test und der p-Wert der Varianzanalyse nicht.

10.3 Zusammenfassung

Die Varianzanalyse ist ein Test, der überprüft, ob der Erwartungswert einer Variablen in verschiedenen Gruppen gleich hoch ist. Dazu muss die Variable in jeder Gruppe normalverteilt sein, stochastisch unabhängig und eine gleich große theoretische Varianz in allen Gruppen haben.

10.4 SPSS-Befehle

10.4.1 Vergleich von zwei Mittelwerten

1) Öffnen der Datei „Pisa-Studie-Gruppen.sav"

2) Analysieren → Mittelwerte vergleichen → T-Test bei unabhängigen Stichproben ...

3) Testvariable(n)=„Math.Grund"
   Gruppenvariable=„Gruppe"
   Klicken Sie auf „Gruppen def. ... ", um die Gruppen zu definieren.
   Gruppe 1 = 1
   Gruppe 2 = 3
   Dann auf „Weiter" klicken.

4) „Optionen ... " anklicken, falls das Konfidenzniveau geändert werden soll.
   Prozentsatz Konfidenzintervall = 95 %; d.h. das Konfidenzniveau $1 - \alpha$ steht auf 95 %; d.h. das Signifikanzniveau α beträgt 0,05.
   Dann auf „Weiter" klicken.

5) Zum Anzeigen des Ergebnisses auf „OK" drücken.

Der p-Wert vom Levene-Test beträgt 0,761 und steht unter „Signifikanz" in der Ausgabe-Tabelle „Levene-Test der Varianzgleichheit"; d.h. es liegt Homogenität der Varianzen vor.

Der p-Wert vom t-Test beträgt 0,020 und steht unter „Signifikanz (2-seitig)" in der Ausgabe-Tabelle „T-Test für die Mittelwertgleichheit".

Ausgabe

Test bei unabhängigen Stichproben

		Levene-Test der Varianzgleichheit		T-Test für die Mittelwertgleichheit						
									95% Konfidenzintervall der Differenz	
		F	Signifikanz	T	df	Sig. (2-seitig)	Mittlere Differenz	Standardfehler der Differenz	Untere	Obere
Math.Grund	Varianzen sind gleich	,096	,761	2,578	16	,020	43,325	16,803	7,703	78,947
	Varianzen sind nicht gleich			2,620	15,845	,019	43,325	16,533	8,248	78,402

177

10.4.2 Vergleich von drei oder mehr Mittelwerten

1) Öffnen der Datei „Aisle_Location.sav"

2) Analysieren → Mittelwerte vergleichen → Einfaktorielle ANOVA ...

3) Abhängige Variable=„Sales"
   Faktor=„Location"

4) Klicken auf „Post Hoc ..." und setzen eines Hakens bei „F nach R-E-G-W".
   Setzen eines Hakens bei „Signifikanzniveau [Alpha] für den Post-hoc-Test angeben." Niveau = 0,05.
   Dann auf „Weiter"

5) Klicken auf „Optionen" und setzen eines Hakens bei „Deskriptive Statistik" und „Test auf Homogenität der Varianzen".
   (Wenn Sie einen Haken bei „Diagramm der Mittelwerte" setzen, so erhalten Sie eine Grafik mit einer Zickzacklinie, die Ihnen für jede Gruppe das arithmetische Mittel der Punkte in Mathematischer Grundbildung angibt.)
   Dann auf „Weiter"

6) Zum Anzeigen des Ergebnisses auf „OK" drücken.

Ausgabe

Test der Varianzhomogenität

	Levene Statistik	df1	df2	Sig.
Sales Basiert auf demMittelwert	2,227	2	15	,142

Der p-Wert des Levene-Tests (Basiert auf dem Mittelwert) auf Homogenität der Varianzen beträgt 0,142. D.h. die Nullhypothese auf Gleichheit aller Varianzen wird nicht abgelehnt. Insb. heißt dies, die Voraussetzung der Homogenität der Varianzen ist erfüllt.

Der p-Wert 0,000 steht unter „Signifikanz" in der Ausgabe-Tabelle „ANOVA".

ANOVA

Sales

	Quadratsumme	df	Mittel der Quadrate	F	Signifikanz
Zwischen den Gruppen	48,444	2	24,222	14,105	,000
Innerhalb der Gruppen	25,760	15	1,717		
Gesamt	74,204	17			

d.h. der *p*-Wert der Varianzanalyse beträgt 0,000; d.h. die Nullhypothese wird abgelehnt; d.h. es gibt signifikante Umsatz-Unterschiede je nachdem, wo die Ware im Regal platziert wird.

Sobald der *p*-Wert der Varianzanalyse gleich oder kleiner als 0,05 ist, bestehen signifikante Unterschiede zwischen den Gruppenmittelwerten. Mit dem Ryan-Einot-Gabriel-Welsch-Test (kurz R-E-G-W) kann festgestellt werden, welche Gruppenmittelwerte sich signifikant unterscheiden. Die Ergebnisse des R-E-G-W-Tests stehen in einer Tabelle. Dort sind die Gruppenmittelwerte, die signifikant unterschiedlich sind, markiert.

11 Kruskal-Wallis-Test

Hauptaufgabe: Die Grundgesamtheit ist aufgeteilt in zwei oder mehr Gruppen. Wir möchten überprüfen, ob der theoretische Lageparameter einer Verteilung einer bestimmten Variablen in diesen Gruppen gleich hoch ist.

Die Variable darf wie folgt skaliert sein:

>nominal: nein
>
>ordinal: ja
>
>metrisch: ja

Der sogenannte Kruskal-Wallis-Test ist eine nichtparametrische Alternative zur Varianzanalyse für den Fall, dass die geforderte Normalverteilung für die Varianzanalyse nicht erfüllt ist, jedoch stochastische Unabhängigkeit vorliegt, d.h. die Stichproben sind stochastisch unabhängig voneinander. Der Kruskal-Wallis-Test vergleicht die theoretischen 50%-Punkte (theoretischer Median) der betrachteten Variablen in den Gruppen:

Kruskal-Wallis-Test

H_0: In jeder Gruppe sind die theoretischen Mediane der Variablen gleich hoch.

gegen

H_1: Mindestens zwei theoretische Mediane sind unterschiedlich.

Ablehnung von $H_0 \Leftrightarrow p$-Wert $\leq \alpha$

Beispiel 11.1 (*Williams.sav* aus Anderson et al. [2017] p. 740)
Williams Manufacturing Company Limited bezieht seine Manager über $k = 3$ verschiedene Quellen A, B, C. Vor Kurzem erhob das Unternehmen die Fähigkeit $X=$„annual performance ratings of a manager (scaled 0 - 100)" eines Managers, um zu überprüfen, ob Manager aus unterschiedlich Quel-

181

len gleich gut sind. In Worten:

H_0: Die Mediane der Variablen „Fähigkeit" sind in allen drei Gruppen gleich.

H_1: Mindestens zwei Mediane sind unterschiedlich.

Wir unterstellen, dass die Fähigkeitspunkte stochastisch unabhängig voneinander sind.

Die Stichprobe ergibt sich aus den Fähigkeitspunkten von $n_1 = 7$ Managern aus Quelle A, $n_2 = 6$ Managern aus Quelle B und $n_3 = 7$ Managern aus Quelle C:

Performance	Colleague	Performance	Colleague	Performance	Colleague
25	A	60	B	50	C
70	A	20	B	70	C
60	A	30	B	60	C
85	A	15	B	80	C
95	A	40	B	90	C
90	A	35	B	70	C
80	A			75	C

Die mittleren Ränge der insgesamt $n = n_1 + n_2 + n_3 = 20$ Stichprobenwerte betragen:

Performance	Rang	Performance	Rang	Performance	Rang
25	3	60	9	50	7
70	12	20	2	70	12
60	9	30	4	60	9
85	17	15	1	80	15,5
95	20	40	6	90	18,5
90	18,5	35	5	70	12
80	15,5			75	14
Σ	$R_1 = 95$	Σ	$R_2 = 27$	Σ	$R_3 = 88$

Bei gleich großen Stichprobenwerten (Bindungen, Englisch: ties) werden mittlere Ränge vergeben. Die Punktzahl 60 gibt es z.B. genau dreimal. Bei leichter Unterschiedlichkeit würden auf die drei Punktzahlen die Ränge 8, 9, 10 entfallen. Das arithmetische Mittel $\frac{1}{3}(8 + 9 + 10) = 9$ dieser drei Ränge ergibt den mittleren Rang 9.

Die Kruskal-Wallis Teststatistik H vergleicht die drei durchschnittlichen Rangsummen $R_1/n_1 = 95/7 = 13{,}57$, $R_2/n_2 = 27/6 = 4{,}5$ und $R_3/n_3 = 88/7 = 12{,}57$ mit der Rangsumme insgesamt $n(n + 1)/2 = 210$. Ohne Bindungen lautet die Teststatistik H vom Kruskal-Wallis-Test wie folgt:

$$H = \frac{12}{n \cdot (n+1)} \sum_{i=1}^{k} \frac{R_i^2}{n_i} - 3(n+1)$$

Wobei $R_1, R_2, \ldots, R_k$ die Rangsummen in den einzelnen k Stichproben bezeichnen.

Die vorliegende Stichprobe hat Bindungen. Die sieben kleinsten Ränge gibt es genau einmal. Die Ränge 9 und 12 kommen jeweils genau dreimal vor. Den Rang 14 gibt es einmal, den Rang 15,5 zweimal, den Rang 17 einmal, den Rang 18,5 zweimal und den Rang 20 einmal. Wie oft jeder der 14 unterschiedlichen mittleren Ränge vorkommt, wird in dem 14-Tupel t festgehalten: $t = (1,1,1,1,1,1,1,3,3,1,2,1,2,1)$. Die Summe $\sum_{j=1}^{14}(t_j^3 - t_j)$ beträgt $2 \cdot (3^3 - 3) + 2 \cdot (2^3 - 2) = 60$, da gilt: $1^3 - 1 = 0$. Daraus ergibt sich der Korrekturfaktor für Bindungen:

$$1 - \frac{1}{n^3 - n} \cdot \sum_{j=1}^{14} \left(t_j^3 - t_j\right) = 1 - \frac{1}{20^3 - 20} \cdot 60 = 0{,}9924812$$

(Treten keine Bindungen in der Stichprobe auf, so beträgt der Korrekturfaktor eins.) Die Teststatistik H des Kruskal-Wallis-Tests wird noch durch den Korrekturfaktor dividiert, das ergibt:

$$\frac{H}{0{,}9924812} = \frac{\frac{12}{20 \cdot 21}\left(\frac{95^2}{7} + \frac{27^2}{6} + \frac{88^2}{7}\right) - 3 \cdot 21}{0{,}9924812} = \frac{8{,}916327}{0{,}9924812} = 8{,}9839$$

Der p-Wert des Kruskal-Wallis-Tests ergibt sich näherungsweise aus der Chi-Quadrat-Verteilung mit $df = k - 1 = 2$:

$$p\text{-Wert} \approx P_{df=2}(H > 8{,}9839) = 0{,}01119893 \approx 0{,}011.$$

D.h. mindestens zwei Mediane unterscheiden sich signifikant; d.h. die Fähigkeiten von Managern aus mindestens zwei unterschiedlichen Quellen unterscheiden sich signifikant.

Anmerkung: In diesem Beispiel hätte auch die ANOVA durchgeführt werden können. Der Shapiro-Wilk-Test sichert die Normalverteilung der Variablen „Fähigkeit" in jeder Gruppe mit den p-Werten 0,197 bzw. 0,772 bzw. 0,974. Ferner sichert der p-Wert 0,398 des Levene-Tests die Homogenität der Varianzen. Und die ANOVA deckt mit einem p-Wert von 0,002 ebenfalls signifikante Unterschiede auf in den Fähigkeiten von Managern, wenn die Manager aus unterschiedlichen Quellen stammen.

⚠Die ANOVA hat eine höhere asymptotische relative Effizienz als der Kruskal-Wallis-Test (vgl. Gibbons [2010]). Das bedeutet, sobald die Voraussetzungen einer ANOVA erfüllt sind, ist die ANOVA dem Kruskal-Wallis-Test vorzuziehen.

11.1 Zusammenfassung

Der Kruskal-Wallis-Test überprüft die Gleichheit von zwei oder mehreren theoretischen Medianen einer Variablen in verschiedenen Gruppen, wenn keine Verteilung der Variablen unterstellt werden kann.

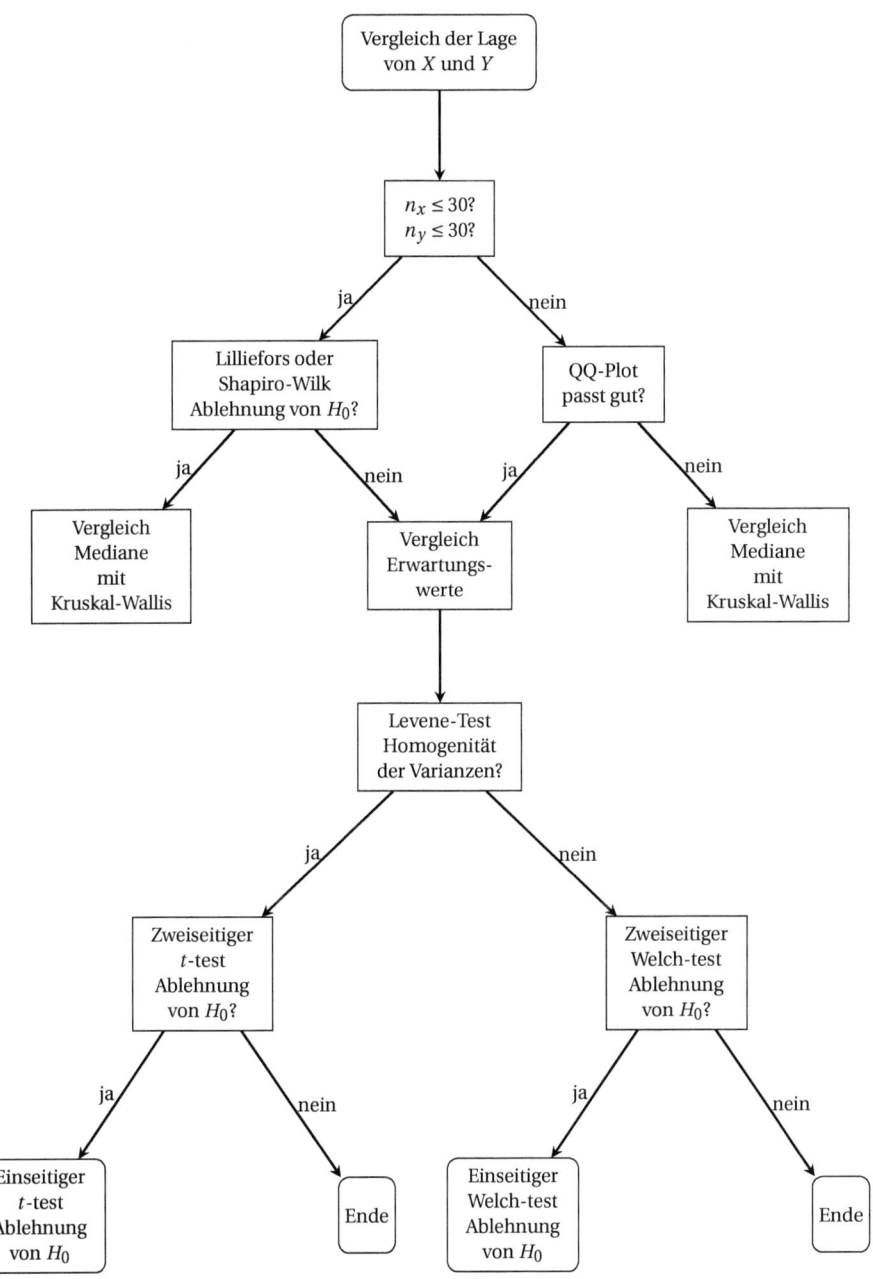

11.2 SPSS-Befehle

Zunächst muss die Zeichenvariable Colleague in die numerische Variable C_num umkodiert werden mit $A=1$, $B=2$, $C=3$ (vgl. Kapitel 4.7.1).

Befehle

1) Öffnen Sie die Datei „Williams.sav"

2) Analysieren → Nicht parametrische Tests → Klassische Dialogfelder → K unabhängige Stichproben ...

3) Testvariablen = „Performance"
   Gruppierungsvariable = „C_num"
   „Bereich definieren" anklicken.
   Minimum = 1
   Maximum = 3
   Weiter

4) ok

In der Zeile „Asymptotische Signifikanz" steht der p-Wert 0,011.

Ausgabe

Teststatistiken[a,b]

	Performance
Kruskal-Wallis H	8,984
df	2
Asymptotische Signifikanz	,011

a. Kruskal-Wallis-Test
b. Gruppenvariable: C_num

12 Hauptkomponenten-Analyse

Hauptaufgabe: Ein multivariater Datensatz soll umgewandelt werden in einen bi- oder univariaten Datensatz unter möglichst geringem Verlust der ursprünglichen relevanten Informationen. Die nicht beobachtbaren Variablen des bi- oder univariaten Datensatzes heißen **Hauptkomponenten** und sind eine Linearkombination der ursprünglich beobachteten Variablen. Die Variablen, die in eine Hauptkomponenten-Analyse berücksichtigt werden, dürfen wie folgt skaliert sein:

nominal:	nein
ordinal:	nein
metrisch:	ja

Bei einer Transformation des Datensatzes in einen univariaten Datensatz verwenden wir die erste Hauptkomponente einer Hauptkomponenten-Analyse, um alle Objekte/Fälle der ursprünglichen Stichprobe zu ordnen.

Bei einer Transformation des Datensatzes in einen bivariaten Datensatz verwenden wir die ersten beiden Hauptkomponenten, um die Objekte/Fälle der ursprünglichen Stichprobe in einem Streudiagramm darstellen zu können, dabei ist die erste Hauptkomponente die x-Achse und die zweite Hauptkomponente ist die y-Achse.

12.1 Univariater Datensatz

Wurde pro Objekt lediglich eine Variable beobachtet, z. B. das Alter, so lassen sich die Objekte problemlos dem Alter nach aufsteigend oder absteigend ordnen. Eine Hauptkomponenten-Analyse ist somit obsolet.

12.2 Bivariater Datensatz

Pro Objekt wurden jeweils zwei Variablen beobachtet. Ziel ist es, die Objekte zu ordnen.

Beispiel 12.1
Im Rahmen der PISA-Studie 2000 wurde von fünf Ländern die Lesekompetenz (gemessen in Punkten) und die Mathematische Grundbildung (gemessen in Punkten) erfasst:

Land	Lesekompetenz	Mathematische Grundbildung
Dänemark	497	514
Griechenland	474	447
Italien	487	457
Portugal	470	454
Schweden	516	510

Ziel ist es, eine Rangfolge der fünf Länder zu bilden, wobei sowohl das Abschneiden bei der Lesekompetenz als auch das Abschneiden bei der Mathematischen Grundbildung berücksichtigt werden sollen. Dazu werden wir genau eine Hauptkomponente extrahieren.
Die arithmetischen Mittel betragen:

488,8 Punkte   bei Lesekompetenz
476,4 Punkte   bei Mathematischer Grundbildung

Für die zwei Variablen lässt sich ein Streudiagramm zeichnen:

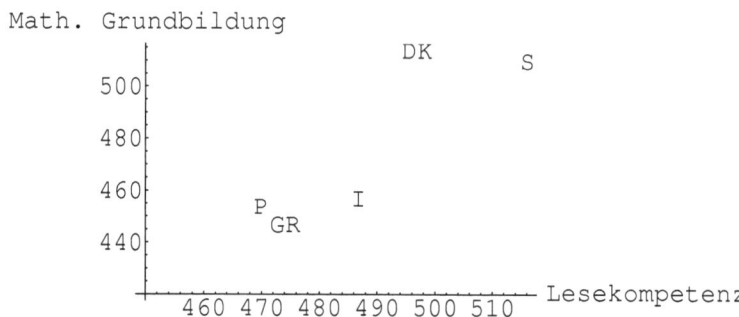

188

Aus dem Streudiagramm ist ersichtlich, dass die Streuung der Variablen „Mathematische Grundbildung" offenbar größer ist als die Streuung der Variablen „Lesekompetenz". Die empirischen Standardabweichungen betragen:

$$\sqrt{345{,}7} = 18{,}6 \text{ Punkte} \qquad \text{bei Lesekompetenz}$$
$$\sqrt{1\,071{,}3} = 32{,}7 \text{ Punkte} \qquad \text{bei Mathematischer Grundbildung}$$

Ziel ist es jetzt, die beiden Variablen durch eine Hauptkomponente zu reproduzieren. Dazu werden die Beobachtungswerte standardisiert, indem bei jeder Variablen das jeweilige arithmetische Mittel von den Beobachtungswerten subtrahiert wird und das Ergebnis anschließend durch die jeweilige Standardabweichung dividiert wird:

$$\frac{\text{Lesekompetenz} - 488{,}8}{18{,}6} \qquad \text{bzw.} \qquad \frac{\text{Math. Grundbildung} - 476{,}4}{32{,}7}$$

Die standardisierten Werte betragen:

Land	Lesekompetenz standard. Wert x_i	Mathematische Grundbildung standard. Wert y_i
Dänemark	0,441	1,149
Griechenland	−0,796	−0,898
Italien	−0,097	−0,593
Portugal	−1,011	−0,684
Schweden	1,463	1,027

Durch das Standardisieren wurde insb. erreicht, dass die arithmetischen Mittel $\overline{x}$ und $\overline{y}$ der standardisierten Werte jeweils null betragen und die empirischen Varianzen s_x^2 und s_y^2 jeweils eins.

Gesucht ist eine aus diesen beiden Werten x_i, y_i gebildete Linearkombination:

$$b_1 \cdot x_i + b_2 \cdot y_i \; ; b_1, b_2 \in \mathbb{R}$$

Um besser zwischen den Variablen diskriminieren zu können, wählen wir eine Linearkombination mit einer sehr großen Streuung. Da die Streuung der Linearkombination umso größer wird, je größer die Werte von b_1, b_2 gewählt werden, normieren wir die Werte von b_1 und b_2:

$$b_1 + b_2 = 1$$

Damit lässt sich aber nur schwer rechnen, deshalb normieren wir lieber wie folgt:

$$b_1^2 + b_2^2 = 1$$

Jetzt liegt uns folgendes Optimierungsproblem vor:

$$\text{Varianz der Werte } (b_1 x_i + b_2 y_i) \overset{!}{=} \text{maximal}$$
$$\text{unter der Nebenbedingung } b_1^2 + b_2^2 = 1$$

Die empirische Varianz der Werte $(b_1 x_1 + b_2 y_1)$, $(b_1 x_2 + b_2 y_2)$, ..., $(b_1 x_n + b_2 y_n)$ beträgt:

$$b_1^2 s_x^2 + b_2^2 s_y^2 + 2 b_1 b_2 s_{xy} = b_1^2 + b_2^2 + 2 b_1 b_2 s_{xy}$$

wobei s_{xy} die empirische Kovarianz bezeichnet. Gemäß der Einsetz-Methode (vgl. Arrenberg „Wirtschaftsmathematik für Bachelor") ergibt sich das folgende Optimierungsproblem:

$$f(b_1, b_2) = b_1^2 + b_2^2 + 2 b_1 b_2 s_{xy} \overset{!}{=} \text{maximal}$$
$$\text{unter der Nebenbedingung: } b_1^2 + b_2^2 = 1 \Leftrightarrow b_2 = \pm\sqrt{1 - b_1^2}$$

Wir machen eine Fallunterscheidung. Für den ersten Fall $b_2 = +\sqrt{1 - b_1^2}$ lautet die zu optimierende Funktion der Einsetz-Methode:

$$f(b_1) = b_1^2 + 1 - b_1^2 + 2 b_1 \sqrt{1 - b_1^2} s_{xy} = 1 + 2 b_1 \sqrt{1 - b_1^2} s_{xy}$$

Die erste Ableitung beträgt:

$$f'(b_1) = 2\sqrt{1-b_1^2}\,s_{xy} + 2b_1 \cdot \frac{1}{2} \cdot \frac{-2b_1}{\sqrt{1-b_1^2}} \cdot s_{xy} = 2\sqrt{1-b_1^2}\,s_{xy} - \frac{2b_1^2}{\sqrt{1-b_1^2}} \cdot s_{xy}$$

Für die notwendige Bedingung wird die erste Ableitung gleich null gesetzt:

$$0 = 2\sqrt{1-b_1^2}\,s_{xy} - \frac{2b_1^2}{\sqrt{1-b_1^2}} \cdot s_{xy}$$

Division durch $2s_{xy}$ ergibt:

$$0 = \sqrt{1-b_1^2} - \frac{b_1^2}{\sqrt{1-b_1^2}} = \frac{1-b_1^2-b_1^2}{\sqrt{1-b_1^2}} = \frac{1-2b_1^2}{\sqrt{1-b_1^2}}$$

Multiplikation mit $\sqrt{1-b_1^2}$ ergibt:

$$0 = 1 - 2b_1^2 \Leftrightarrow b_1^2 = \frac{1}{2}$$

Jetzt muss noch mit der hinreichenden Bedingung überprüft werden, ob die zweite Ableitung negativ ist:

$$f''(b_1) = 2 \cdot \frac{1}{2} \cdot \frac{-2b_1}{\sqrt{1-b_1^2}} \cdot s_{xy} - \frac{4b_1\sqrt{1-b_1^2} - 2b_1^2 \cdot \frac{-2b_1}{\sqrt{1-b_1^2}}}{1-b_1^2} s_{xy}$$

Die Terme werden weiter zusammengefasst:

$$f''(b_1) = \frac{-2b_1}{\sqrt{1-b_1^2}} s_{xy} - \frac{4b_1}{\sqrt{1-b_1^2}} s_{xy} - \frac{4b_1^3}{\left(1-b_1^2\right)^{1,5}} s_{xy}$$

Das ergibt:

$$f''(b_1) = -\frac{6b_1}{\sqrt{1-b_1^2}} s_{xy} - \frac{4b_1^3}{\left(1-b_1^2\right)^{1,5}} s_{xy}$$

Für $b_1 = \frac{1}{\sqrt{2}}$ gilt dann: $f''(b_1) = -8{,}681934$. Und für $b_1 = -\frac{1}{\sqrt{2}}$ gilt: $f''(b_1) = 8{,}681934$; d.h. $b_1 = \frac{1}{\sqrt{2}}$ ist eine lokale Maximalstelle.

Gemäß des ersten Falls der Fallunterscheidung gilt: $b_2 = +\sqrt{1 - b_1^2} = \dfrac{1}{\sqrt{2}}$

Somit hat $f(b_1, b_2)$ in $(b_1, b_2) = \left(\frac{1}{\sqrt{2}}, \frac{1}{\sqrt{2}}\right)$ eine lokale Maximalstelle unter Berücksichtigung der Nebenbedingung.

Für den zweiten Fall $b_2 = -\sqrt{1 - b_1^2}$ ergibt sich völlig analog, dass $f(b_1, b_2)$ in $(b_1, b_2) = \left(-\frac{1}{\sqrt{2}}, -\frac{1}{\sqrt{2}}\right)$ eine lokale Maximalstelle unter Berücksichtigung der Nebenbedingung hat. Da die Interpretation bzgl. der ersten Hauptkomponente für $b_1 = b_2 = 0{,}707$ und für $b_1 = b_2 = -0{,}707$ identisch ist, nehmen wir als Lösung der Hauptkomponenten-Analyse:

$$b_1 = b_2 = \frac{1}{\sqrt{2}} = 0{,}707$$

SPSS rotiert die Lösungen noch und es ergibt sich:

$$b_1 = b_2 = 0{,}517$$

d.h. die gesuchte Linearkombination mit der größten Varianz und einer Rotation ist:

$$\text{Erste Hauptkomponente} = 0{,}517 x_i + 0{,}517 y_i$$

Für die standardisierten Werte der Lesekompetenz x_i und der Mathematischen Grundbildung y_i ergeben sich folgende Werte für die erste Hauptkomponente:

Land	Linearkombination
Dänemark	0,82246
Griechenland	−0,87649
Italien	−0,35672
Portugal	−0,87715
Schweden	1,28790

Länder mit hohen Punktzahlen sowohl in der Lesekompetenz als auch in der Mathematischen Grundbildung haben auch hohe Werte hinsichtlich der ersten Hauptkomponente. (Wären beide Gewichte der ersten Hauptkomponente negativ, z.B. erste Hauptkomponente = $-0{,}6x_i - 0{,}8y_i$, so hätten leistungsstarke Länder sehr kleine Werte hinsichtlich der ersten Hauptkomponente.)

Werden die Länder mit Hilfe der extrahierten Hauptkomponente bezüglich ihres Abschneidens in Lesekompetenz und mathematischer Grundbildung geordnet, so hat Schweden am besten abgeschlossen, gefolgt von Dänemark, Italien und Griechenland. Das Schlusslicht bildet Portugal.

Hätten wir lediglich die beiden Kompetenz-Punkte für Lesen und Mathematik addiert, so wäre die Rangfolge: Schweden, Dänemark, Italien, Portugal, Griechenland.

Allgemein gilt, dass die Hauptkomponenten-Analyse eines (standardisierten) bivariaten Datensatzes immer als Koeffizienten die Werte $b_1 = b_2 = 0{,}517$ als Ergebnis hat, falls genau nur eine Hauptkomponente extrahiert wird.

12.3   Multivariater Datensatz

Bei einem Objekt wurden mehr als zwei Variablen erfasst.

Beispiel 12.2 (*Pisa-Studie-Hauptk.sav*)
Im Rahmen der PISA-Studie 2000 wurde in 31 Ländern die drei Variablen Lesekompetenz (gemessen in Punkten), Mathematische Grundbildung (gemessen in Punkten) und Naturwissenschaftliche Grundbildung (gemessen in Punkten) erfasst.
Es ergaben sich folgende Werte:

Land	Kompetenz in		
	Lesen	Mathe	Naturwiss.
Australien	528	533	528
Belgien	507	520	496
Brasilien	396	334	375
Dänemark	497	514	481
Deutschland	484	490	487
Finnland	546	536	538
Frankreich	505	517	500
Griechenland	474	447	461
Großbritannien	523	529	532
Irland	527	503	513
Island	507	514	496
Italien	487	457	478
Japan	522	557	550
Kanada	534	533	529
Südkorea	525	547	552
Lettland	458	463	460
Liechtenstein	483	514	476
Luxemburg	441	446	443
Mexiko	422	387	422
Neuseeland	529	537	528
Norwegen	505	499	500
Österreich	507	515	519
Polen	479	470	483
Portugal	470	454	459
Russland	462	478	460
Schweden	516	510	512
Schweiz	494	529	496
Spanien	493	476	491
Tschechien	492	498	511
Ungarn	480	488	496
USA	504	493	499
arithm. Mittel	493,45	493,16	492,61
Standardabw.	33,31	46,83	37,67

Wir möchten die 31 Teilnahmeländer übersichtlich in einem Streudiagramm darstellen, das als Achsen die ersten beiden Hauptkomponenten hat. Dazu ziehen wir mit der Hauptkomponenten-Analyse genau zwei Hauptkomponenten aus dem Datensatz. Die beiden gesuchten Linearkombinationen mit den standardisierten Variablen Zlesen, ZMathe und ZNatur sind:

$$1.\text{HK} = 1{,}508 * \text{ZLesen} - 1{,}558 * \text{ZMathe} + 0{,}790 * \text{ZNatur}$$

$$2.\text{HK} = -1{,}155 * \text{ZLesen} + 2{,}221 * \text{ZMathe} - 0{,}360 * \text{ZNatur}$$

Länder mit vielen Punkten sowohl in der Lesekompetenz als auch in der Naturwissenschaftlichen Grundbildung und mit wenigen Punkten in der Mathematischen Grundbildung haben hohe Werte hinsichtlich der ersten Hauptkomponente. Hohe Werte hinsichtlich der zweiten Hauptkomponente haben Länder mit vielen Punkten in der Mathematischen Grundbildung und mit wenigen Punkten sowohl in der Lesekompetenz als auch in der Naturwissenschaftlichen Grundbildung.

Im Streudiagramm verwenden wir die erste Hauptkomponente als *x*-Achse, die zweite Hauptkomponente als *y*-Achse:

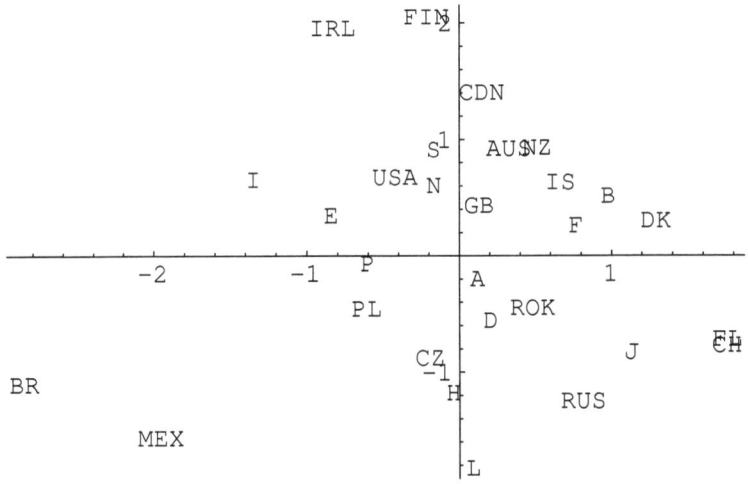

Die Länder (Kanada, Finnland) rechts oben im Streudiagramm haben beim PISA-Wettbewerb am besten abgeschlossen. Die Länder (Brasilien, Mexiko) links unten im Streudiagramm haben am schlechtesten abgeschlossen.

Abschließend müssen wir klären, ob das Ordnen entlang der ersten Hauptkomponente oder das Streudiagramm mit den ersten beiden Hauptkomponenten den ursprünglichen Datensatz gut repräsentieren. Dazu gibt es drei Kriterien:

1. Kriterium von Kaiser (1960): In der Ausgabedatei von SPSS stehen die Anteile der Hauptkomponenten an der gesamten Varianz. Die herausgezogenen Hauptkomponenten sollten insgesamt mehr als 90% der gesamten Varianz repräsentieren. In dem Beispiel 12.2 werden 95,573% der Gesamtvarianz von der ersten und 98,504% der Gesamtvarianz durch die ersten beiden Hauptkomponenten repräsentiert. Insofern ist der Informationsverlust nur gering sowohl beim Ordnen entlang der ersten Hauptkomponente als auch bei der Darstellung im zweidimensionalen Streudiagramm mit den ersten beiden Hauptkomponenten als Achsen.

2. Kriterium von Cattell (1966): Es wird der sogenannte Screeplot (scree heißt Geröll) gezeichnet, der in der Regel einen Knick hat. Es sollten mindestens so viele Hauptkomponenten herausgezogen werden, wie Hauptkomponten links vor dem Knick im Screeplot liegen. Im Screeplot von Beispiel 12.2 liegt nur eine Hauptkomponente vor dem großen Knick. Deshalb reicht schon eine Hauptkomponente aus, um die Daten zu repräsentiern.

3. Kriterium: Es sollten mindestens so viele Hauptkomponenten herausgezogen werden, wie es Eigenwerte größer als eins gibt. In dem Beispiel 12.2 betragen die Eigenwerte: 2,867 und 0,088 und 0,045; d.h. es gibt genau einen Eigenwert, der größer als eins ist. Deshalb reicht schon eine Hauptkomponente aus, um die Daten zu repräsentieren.

Wir ziehen aber entweder genau eine Hauptkomponente (zum Ordnen) oder genau zwei Hauptkomponenten (für ein Streudiagramm) heraus.

Abschließend werden wir noch einmal eine Hauptkomponenten-Analyse durchführen. Dazu werden wir genau eine Hauptkomponente herausziehen, um damit die Fälle einer Stichprobe ordnen zu können.

Beispiel 12.3

In der Hauptkomponenten-Analyse der PISA-Studie 2000 in Beispiel 12.2 gibt es nur einen Eigenwert größer als eins. Das bedeutet, dass schon nur eine Hauptkomponente die Werte der drei Bildungsvariablen (Mathematik, Lesen, Naturwissenschaften) widerspiegelt.

Wird nur eine Hauptkomponente herausgezogen, so erhalten wir folgende Koeffizienten b_1, b_2, b_3 der Linearkombination (siehe Koeffizientenmatrix der Komponentenwerte):

$$b_1 = 0,341 \quad \text{Lesekompetenz}$$
$$b_2 = 0,339 \quad \text{Mathem. Grundbildung}$$
$$b_3 = 0,343 \quad \text{Naturw. Grundbildung}$$

Die Ordnung der 31 Teilnahmeländer beruht auf einer Linearkombination der standardisierten Werte. Für z.B. Japan erhalten wir den folgenden Wert der ersten Hauptkomponente:

$$0,341 \cdot \frac{522-493,45}{33,31} + 0,339 \cdot \frac{557-493,16}{46,83} + 0,343 \cdot \frac{550-492,61}{37,67}$$
$$= 1,276964 \approx 1,28$$

Und wir erhalten wir gemäß der ersten Hauptkomponente die folgende Einordnung:

Land	Lineark.	Land	Lineark.	Land	Lineark.
Japan	1,28	Frankreich	0,36	Polen	-0,40
Finnland	1,26	Island	0,32	Italien	-0,46
Südkorea	1,25	Schweiz	0,30	Russland	-0,73
Kanada	1,03	Norwegen	0,23	Griechenland	-0,82
Neuseeland	1,00	Tschechien	0,19	Portugal	-0,83
Australien	0,96	USA	0,17	Lettland	-0,88
Großbritannien	0,92	Dänemark	0,08	Luxemburg	-1,33
Irland	0,60	Liechtenstein	-0,11	Mexiko	-2,14
Österreich	0,54	Spanien	-0,14	Brasilien	-3,22
Schweden	0,53	Ungarn	-0,14		
Belgien	0,36	Deutschland	-0,17		

d.h. am besten haben Japan, Finnland, Südkorea, Kanada abgeschlossen, am schlechtesten Luxemburg, Mexiko und Brasilien.

12.4 Zusammenfassung

Die Hauptkomponenten-Analyse ermöglicht, mit den ersten beiden Hauptkomponenten eine zweidimensionale Übersicht aller Fälle der Stichprobe
in einem Streudiagramm zu geben. Ferner lassen sich die Fälle einer Stichprobe gemäß der ersten Hauptkomponente ordnen.
Wir werden nur genau eine Hauptkomponente extrahieren, wenn ein Datensatz geordnet werden soll. Und genau zwei Hauptkomponenten, wenn
ein Datensatz in einem Streudiagramm dargestellt werden soll.

12.5 SPSS-Befehle

12.5.1 Hauptkomponenten-Analyse

1) Öffnen Sie die Datei "Pisa-Studie-Hauptkomp.sav"

2) Analysieren → Dimensionsreduktion → Faktorenanalyse ...

3)   Variablen =   „Lesekompetenz"
                    „MathGrundbildung"
                    „NaturwGrundbildung"

4) Klicken Sie auf „Deskriptive Statistik ...".
   Setzen Sie einen Haken bei „Koeffizienten".
   Dann auf „Weiter".

5) Klicken Sie auf „Extraktion ...".
   Wählen Sie unter „Methode" im Dropdown-Menü die „Hauptkom-
   ponenten" aus.
   Setzen Sie einen Haken bei „Korrelationsmatrix".
   Setzen Sie einen Haken bei „Feste Anzahl von Faktoren" und wählen
   Sie als Anzahl der zu extrahierenden Faktoren den Wert „1", wenn al-
   le Fälle entlang der ersten Hauptkomponente geordnet werden sol-
   len. Oder wählen Sie als Anzahl der zu extrahierenden Faktoren den
   Wert „2", wenn alle Fälle in einem Streudiagramm dargestellt werden
   sollen. (Alternativ machen Sie einen Haken bei „Basierend auf dem

Eigenwert" und wählen für „Eigenwerte größer als" den Wert „1")
Setzen Sie einen Haken bei „Screeplot".
Dann auf „Weiter".

6) Klicken Sie auf „Rotation … ".
   Wählen Sie „Varimax" aus.
   Setzen Sie einen Haken bei „Ladungsdiagramm(e)".
   Dann auf „Weiter".

7) Klicken Sie auf „Scores … ".
   Setzen Sie jeweils einen Haken bei „Als Variablen speichern" und bei
   „Koeffizientenmatrix der Faktorscores anzeigen".
   Dann auf „Weiter".

8) Klicken Sie auf „OK", um die Auswertung zu erhalten.

Die Werte der ersten Hauptkomponente stehen in der SPSS Datenansicht
in der Spalte FAC1_1. Die Werte der zweiten Hauptkomponente stehen in
der SPSS-Datenansicht in der Spalte FAC2_1.

Ausgabe
Wir haben genau zwei Hauptkomponenten extrahiert.

Die erste Hauptkomponente erklärt 95,573% der gesamten Varianz. Die ersten beiden Hauptkomponenten erklären 98,504% der gesamten Varianz.
Und nur ein Eigenwert ist größer als eins (id est 2,867):

Erklärte Gesamtvarianz

Komponente	Anfängliche Eigenwerte		
	Gesamt	% der Varianz	Kumulierte %
1	2,867	95,573	95,573
2	0,088	2,930	98,504
3	0,045	1,496	100,000

Extraktionsmethode: Hauptkomponentenanalyse.

Es liegt genau eine Hauptkomponente vor dem großen Knick im Screeplot:

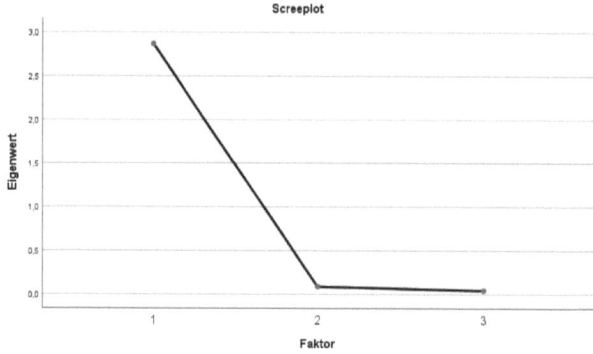

Die Korrelationen zwischen den drei Variablen mit den beiden Hauptkomponenten stehen in folgender Tabelle:

Rotierte Komponentenmatrix[a]

	Komponente	
	1	2
Lesekompetenz	0,835	0,536
MathGrundbildung	0,560	0,828
NaturwGrundbildung	0,776	0,609

Extraktionsmethode: Hauptkomponentenanalyse
Rotationsmethode: Varimax mit Kaiser-Normalisierung
a. Die Rotation ist in 3 Iterationen konvergiert.

Die Koeffizienten der Linearkombinationen stehen in der folgenden Tabelle:

Koeffizientenmatrix der Komponentenwerte

	Komponente	
	1	2
Lesekompetenz	1,508	−1,155
MathGrundbildung	−1,558	2,221
NaturwGrundbildung	0,790	−0,360

Extraktionsmethode: Hauptkomponentenanalyse
Rotationsmethode: Varimax mit Kaiser-Normalisierung

12.5.2 Bilden der vergleichenden Rangfolge

Es gibt unterschiedliche Möglichkeiten, die Länder in der SPSS-Datenansicht gemäß ihren Werten der ersten Hauptkomponente zu ordnen.

1. Möglichkeit: In der SPSS-Datenansicht mit der rechten Maustaste den Variablennamen Fac1_1 anklicken und „Absteigend sortieren" auswählen. Jetzt sind in der Datenansicht die Länder absteigend geordnet.

2. Möglichkeit:

1) Daten → Fälle sortieren …

2) Sortieren nach: = FAC1_1
   Unter „Sortierreihenfolge" einen Haken setzen bei „Absteigend"

3) „OK"
   Jetzt sind in der Datenansicht die Länder absteigend geordnet.

12.5.3 Erstellen eines Streudiagramms

Minimieren Sie die SPSS-Ausgabe.
Die Werte der ersten Hauptkomponente stehen in der Datenansicht unter der Variable „FAC1_1". Die Werte der zweiten Hauptkomponente stehen in der Datenansicht unter der Variable „FAC2_1".
Wechseln Sie in die Variablenansicht und benennen Sie „FAC1_1" in „Hauptkomponente1" und „FAC2_1" in „Hauptkomponente2" um.
Als Variablenlabel nehmen Sie bei beiden Labeln entweder ebenfalls den Variablennamen, damit die Achsenbeschriftung im nächsten Schritt richtig angezeigt wird, oder nichts.

1) Grafik → Klassische Dialogfelder → Streu-/Punkt-Diagramm

2) Wählen Sie „Einfaches Streudiagramm" aus und klicken Sie auf „Definieren".

3) Wählen Sie „Hauptkomponente2" für die *y*-Achse und „Hauptkomponente1" für die *x*-Achse aus. Für die Fallbeschriftung wählen Sie „Land".

4) Klicken Sie auf „Optionen" und machen Sie einen Haken bei „Grafik mit Fallbeschriftung anzeigen". Dann auf „Weiter".

5) Klicken Sie auf „OK", um das Streudiagramm auszugeben.

Jetzt können Sie die Länder auch visuell ordnen, indem Sie prüfen, welches Land im Streudiagramm am weitesten rechts oben steht, am zweitweitesten usw.
Oder:

1) Grafik → Diagrammerstellung ... → ok

2) Wählen Sie „Streu-/Punktdiagramm" aus.

3) Ziehen Sie das erste Symbol „einfaches Streudiagramm" in die Diagrammvorschau.

4) Ziehen Sie die Variable „Hauptkomponente1" in das x-Achsen-Feld und die Variable „Hauptkomponente2" in das y-Achsen-Feld.

5) Gruppen/Punkt-ID → Punkt-ID-Beschriftung

6) Ziehen Sie die Variable „Land" in das vorgesehene Feld für die Punktbeschriftung.

7) ok

13 Clusteranalyse

Hauptaufgabe: Bei der Clusteranalyse möchten wir die Fälle eines Datensatzes in Gruppen aufteilen, kurz: wir möchten klassifizieren. Im Rahmen der Clusteranalyse werden diese Gruppen als **Cluster** bezeichnet.

⚠ Die beiden Verben „klassieren" und „klassifizieren" werden aus Unkenntnis oft gleichgesetzt. Klassieren bedeutet, dass die Werte eines Datensatzes in Intervalle aufgeteilt werden. Z.B. kann das Alter in Altersklassen zerlegt werden. Klassifizieren bedeutet, dass ein Objekt/Fall bewertet wird. Z.B. kann der 56. Kunde eines Datensatzes dem Cluster aller kreditwürdigen Personen zugeordnet werden.

Das Wort „cluster" ist im Englischen die astronomische Bezeichnung für „Sternhaufen". Wir können uns das so vorstellen, dass im Streudiagramm die eingezeichneten Punkte die Sterne am Firmament sind und die visuell erkennbaren Sternhaufen zu einzelnen Gruppen zusammengefasst werden.

Die Fälle in ein und demselben Cluster werden als homogen bezeichnet, die Cluster unter sich als heterogen.

Anmerkung: Im Gegensatz zur Clusteranalyse sind bei einer Diskriminanzanalyse die Gruppen schon bekannt. Bei einer Diskriminanzanalyse wird lediglich ein neues Objekt einer der bestehenden Gruppen zugeordnet.

13.1 Hierarchische Clusteranalyse

Die Grundidee der Clusteranalyse ist es, Gruppen zu bilden, indem der Abstand zwischen den Objekten berechnet wird. Die Variablen, deren Beobachtungen wir im Datensatz betrachten, dürfen wie folgt skaliert sein:

nominal: ja, aber nur binär
ordinal: ja
metrisch: ja

Als Skalierung können bei der hierarchischen Clusteranalyse auch binäre Variablen, das sind dichotome Variablen mit den zugewiesenen Werten 0 und 1, verwendet werden.

Sobald eine binäre Variable in die hierarchische Clusteranalyse mit einbezogen wird, müssen alle übrigen Variablen ebenfalls binär sein. Eine Mischung von binären und metrisch skalierten Variablen ist nicht möglich (vgl. Brosius [2018]).

Beispiel 13.1 (univariater Datensatz, Quelle: Handl [2002] S. 363)
Das Alter von $n = 6$ Personen $P_1, P_2, P_3, P_4, P_5, P_6$ beträgt:

43 38 6 47 37 9

Zeichnen wir die Werte auf einem Zahlenstrahl ein, so können wir zwei Gruppen erkennen.

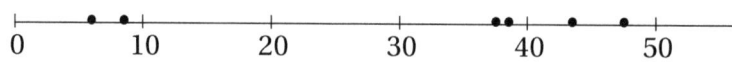

Die Gruppe der Erwachsenen $\{P_1, P_2, P_4, P_5\}$ und die Gruppe der Kinder $\{P_3, P_6\}$.

Möchten wir die Gruppen nicht visuell finden, sondern mit Hilfe der Clusteranalyse, so müssen wir Distanzen, hier: Altersunterschiede, messen. Wir werden die Distanzen/Altersunterschiede mit der euklidischen Distanz messen. Für die sechs Personen $P_1, P_2, P_3, P_4, P_5, P_6$ ergeben sich folgende Altersunterschiede, die wir in der sogenannten **Distanzmatrix** darstellen:

	P_1	P_2	P_3	P_4	P_5	P_6
P_1	0	5	37	4	6	34
P_2	5	0	32	9	1	29
P_3	37	32	0	41	31	3
P_4	4	9	41	0	10	38
P_5	6	1	31	10	0	28
P_6	34	29	3	38	28	0

Um die zutreffende Anzahl von Clustern zu finden, gehen wir erst einmal von $n = 6$ Clustern aus:

Ausgangssituation : $\{P_1\}, \{P_2\}, \{P_3\}, \{P_4\}, \{P_5\}, \{P_6\}$

Jetzt werden wir Schritt für Schritt jeweils zwei Cluster zu einem Cluster zusammenfassen, bis nur noch ein Cluster übrig ist. Dieses schrittweise Verfahren wird als **agglomeratives Verfahren** bezeichnet. Dazu fehlt uns jedoch noch eine Überlegung: Wie wir die Distanz bzw. der Altersunterschied zwischen zwei Personen messen, ist klar. Aber wie messen wir die Distanz/Altersunterschied zwischen zwei Klassen, z. B. $\{P_1\}$ und $\{P_2, P_5\}$? Es gibt für dieses Problem mehrere unterschiedliche Lösungen. Wir werden die Distanz zwischen zwei Klassen mit dem **Single-Linkage-Verfahren** messen. Dazu messen wir den Altersunterschied zwischen P_1 und P_2, der beträgt 5 Jahre. Und wir messen den Altersunterschied zwischen P_1 und P_5, der beträgt 6 Jahre. Als Distanz zwischen den Klassen $\{P_1\}$ und $\{P_2, P_5\}$ nehmen wir das Minimum min$\{5, 6\} = 5$ Jahre.

Im 1. Schritt verschmelzen wir die Klassen $\{P_2\}$ und $\{P_5\}$, weil in der Zelle (2;5) der Distanzmatrix der kleinste Wert steht bzw. weil der Altersunterschied zwischen der 2. Person und der 5. Person am kleinsten ist:

1. Zerlegung: $\{P_1\}, \{P_3\}, \{P_4\}, \{P_6\}, \{P_2, P_5\}$

Im 2. Schritt möchten wir wieder zwei Cluster verschmelzen. Wir werden diejenigen beiden Cluster verschmelzen, die die kleinste Distanz haben. Mögliche Verschmelzungen sind:

$\{P_1\}$ und $\{P_3\}$ mit der Distanz 37

$\{P_1\}$ und $\{P_4\}$ mit der Distanz 4

$\{P_1\}$ und $\{P_6\}$ mit der Distanz 34

$\{P_3\}$ und $\{P_4\}$ mit der Distanz 41

$\{P_3\}$ und $\{P_6\}$ mit der Distanz 3

$\{P_4\}$ und $\{P_6\}$ mit der Distanz 38

$\{P_1\}$ und $\{P_2, P_5\}$ mit der Distanz 5 (siehe oben)

$\{P_3\}$ und $\{P_2, P_5\}$ mit der Distanz $\min\{32, 31\} = 31$

$\{P_4\}$ und $\{P_2, P_5\}$ mit der Distanz $\min\{9, 10\} = 9$

$\{P_6\}$ und $\{P_2, P_5\}$ mit der Distanz $\min\{29, 28\} = 28$

Also verschmelzen wir $\{P_3\}$ und $\{P_6\}$ mit der kleinsten Distanz 3:

2. Zerlegung: $\{P_1\}, \{P_4\}, \{P_3, P_6\}, \{P_2, P_5\}$

Im 3. Schritt möchten wir wieder zwei Cluster verschmelzen. Wir werden diejenigen beiden Cluster verschmelzen, die die kleinste Distanz haben. Mögliche Verschmelzungen sind:

$\{P_1\}$ und $\{P_4\}$ mit der Distanz 4

$\{P_1\}$ und $\{P_3, P_6\}$ mit der Distanz $\min\{37, 34\} = 34$

$\{P_1\}$ und $\{P_2, P_5\}$ mit der Distanz 5 (siehe 2. Schritt)

$\{P_4\}$ und $\{P_3, P_6\}$ mit der Distanz $\min\{41, 38\} = 38$

$\{P_4\}$ und $\{P_2, P_5\}$ mit der Distanz 9 (siehe 2. Schritt)

$\{P_3, P_6\}$ und $\{P_2, P_5\}$ mit der Distanz $\min\{31, 28\} = 28$

Dabei kommt der Wert 31 aus der Verschmelzung von $\{P_3\}$ und $\{P_2, P_5\}$ und der Wert 28 kommt aus der Verschmelzung von $\{P_6\}$ und $\{P_2, P_5\}$.
Also verschmelzen wir $\{P_1\}$ und $\{P_4\}$ mit der kleinsten Distanz 4:

3. Zerlegung: $\{P_1, P_4\}, \{P_3, P_6\}, \{P_2, P_5\}$

Im 4. Schritt möchten wir wieder zwei Cluster verschmelzen. Wir werden diejenigen beiden Cluster verschmelzen, die die kleinste Distanz haben. Mögliche Verschmelzungen sind:

$\{P_1, P_4\}$ und $\{P_3, P_6\}$ mit der Distanz min$\{34, 38\} = 34$

$\{P_1, P_4\}$ und $\{P_2, P_5\}$ mit der Distanz min$\{5, 9\} = 5$

$\{P_3, P_6\}$ und $\{P_2, P_5\}$ mit der Distanz 28 (vgl. 3. Schritt)

Also verschmelzen wir $\{P_1, P_4\}$ und $\{P_2, P_5\}$ mit der kleinsten Distanz 5:

4. Zerlegung: $\{P_1, P_2, P_4, P_5\}, \{P_3, P_6\}$

Im 5. und letzten Schritt können wir nur noch die beiden restlichen Cluster verschmelzen. Die minimale Distanz beträgt min$\{34, 28\} = 28$; denn 34 ist die minimale Distanz zwischen $\{P_1, P_4\}$ und $\{P_3, P_6\}$ (vgl. 4. Schritt) und 28 ist die minimale Distanz zwischen $\{P_3, P_6\}$ und $\{P_2, P_5\}$ (vgl. 4. Schritt). Also verschmelzen wir $\{P_1, P_2, P_4, P_5\}$ und $\{P_3, P_6\}$ mit der kleinsten Distanz 28:

5. Zerlegung: $\{P_1, P_2, P_4, P_5, P_3, P_6\}$

Um zu klären, welche Zerlegung zutrifft, blicken wir zurück auf die Partition, bei der zwei Personen zum ersten Mal zusammen in einem Cluster waren:

Personen	Partition	min. Distanz
P_1, P_2	4.	5
P_1, P_3	5.	28
P_1, P_4	3.	4
P_1, P_5	4.	5
P_1, P_6	5.	28
P_2, P_3	5.	28
P_2, P_4	4.	5
P_2, P_5	1.	1
P_2, P_6	5.	28
P_3, P_4	5.	28
P_3, P_5	5.	28
P_3, P_6	2.	3
P_4, P_5	4.	5
P_4, P_6	5.	28
P_5, P_6	5.	28

Diese Distanzen $\{1, 3, 4, 5, 28\}$ vom ersten Zusammentreffen zweier Objekte P_i, P_j in einem Cluster können auch in einer Matrix, der sogenannten **kophenischen Matrix** dargestellt werden:

	P_1	P_2	P_3	P_4	P_5	P_6
P_1	0	5	28	4	5	28
P_2	5	0	28	5	1	28
P_3	28	28	0	28	28	3
P_4	4	5	28	0	5	28
P_5	5	1	28	5	0	28
P_6	28	28	3	28	28	0

Visuell werden diese Distanzen $\{1, 3, 4, 5, 28\}$ vom ersten Zusammentreffen zweier Objekte P_i, P_j in ein und demselben Cluster im sogenannten **Dendrogramm** dargestellt:

208

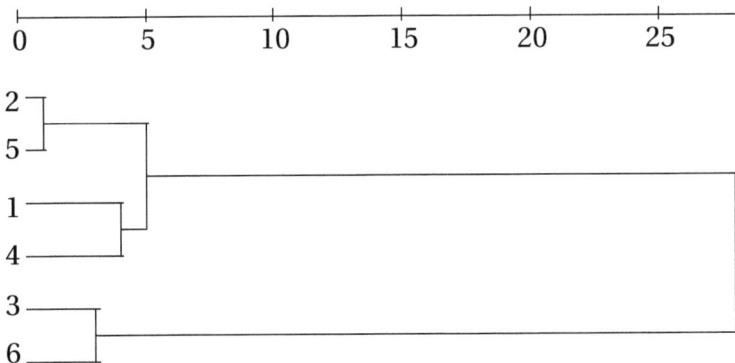

Betrachten wir das Dendrogramm, so gibt es den größten Sprung („gap")
der Distanzen zwischen den Werten 5 und 28. Denkt man sich den Bügel
mit dem größten Sprung im Dendrogramm weg, so ist die Zerlegung, die
zur Distanz 5 gehört, die zutreffende Zerlegung:

$$\{P_1, P_2, P_4, P_5\}, \{P_3, P_6\}$$

d.h. es gibt ein Cluster mit den vier Erwachsenen und ein Cluster mit den
zwei Kindern.

Die Bestimmung der zutreffenden Anzahl der Cluster durch Betrachten des
Dendrogramms ist mitunter sehr schwierig. Einfacher kann die zutreffende
Anzahl der Cluster aus dem größten Sprung der Koeffizienten $\{1, 3, 4, 5, 28\}$
ermittelt werden, hier von 5 auf 28.

Die Anzahl der Cluster ist die Differenz der zu klassifizierenden Fälle n minus der Nummer desjenigen Schritts, nach dem der größte Sprung erfolgt:

Schritt	Koeffizient
1	1
2	3
3	4
4	5
5	28

Insgesamt gab es $n = 6$ Personen. Der größte Sprung der Koeffizienten erfolgte von der 4. Zerlegung zur 5. Zerlegung von der Distanz 5 auf die Di-

stanz 28. Somit beträgt die Anzahl der Cluster hier $6 - 4 = 2$ Cluster.

Anmerkung: Die SPSS-Ausgabe zeigt ein leicht geändertes Dendrogramm. Die Abstände aus dem Beispiel 13.1 sind z.B. wie folgt neu skaliert: Abstand 5 auf $5 \cdot \frac{25}{28} = 4{,}46$ und Abstand 28 auf $28 \cdot \frac{25}{28} = 25$.

Diese Vorgehensweise lässt sich auch anwenden, wenn ein multivariater Datensatz vorliegt.

Beispiel 13.2 (multivariater Datensatz)
Seit dem Jahr 2000 wird im Rahmen der PISA-Studie alle drei Jahre das Wissen von 15-jährigen Schülerinnen und Schülern in verschiedenen Ländern überprüft. Ziel ist es, einen internationalen Vergleich der Bildungswesen zu erhalten, um ggf. erfolgreiche Lernformen anderer Länder zu adaptieren. Dabei sollte aber auch immer das Wohl der Lernenden im Blick behalten werden. In der ersten Pisa-Studie wurden in 31 Ländern die folgenden drei Variablen erfasst:

- Lesekompetenz (gemessen in Punkten)

- Mathematische Grundbildung (gemessen in Punkten)

- Naturwissenschaftliche Grundbildung (gemessen in Punkten)

Die Kompetenz-Punkte der Teilnahmeländer stehen im Beispiel 12.2. Es liegen pro Land drei Beobachtungswerte vor. Wir möchten die 31 Länder in Cluster aufteilen. Die Länder in einem Cluster sollen sich ähnlich sein, während die Cluster unterschiedlich sind. Mit Hilfe von SPSS zeichnen wir das Dendrogramm:

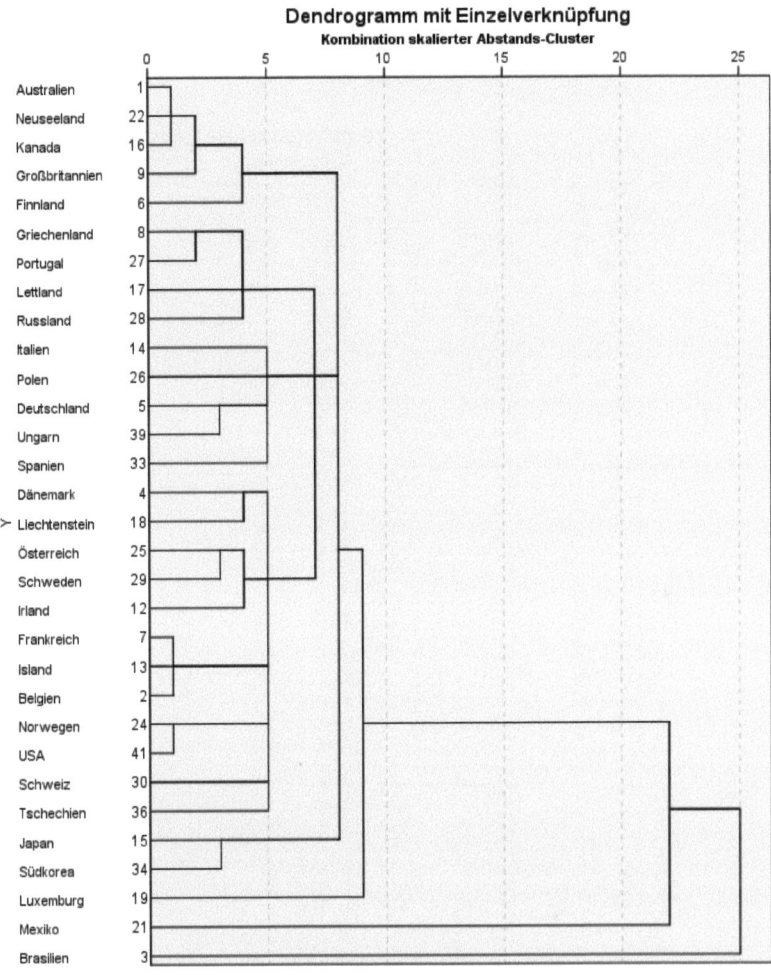

Dendrogramm mit Einzelverknüpfung
Kombination skalierter Abstands-Cluster

Australien	1	
Neuseeland	22	
Kanada	16	
Großbritannien	9	
Finnland	6	
Griechenland	8	
Portugal	27	
Lettland	17	
Russland	28	
Italien	14	
Polen	26	
Deutschland	5	
Ungarn	39	
Spanien	33	
Dänemark	4	
Liechtenstein	18	
Österreich	25	
Schweden	29	
Irland	12	
Frankreich	7	
Island	13	
Belgien	2	
Norwegen	24	
USA	41	
Schweiz	30	
Tschechien	36	
Japan	15	
Südkorea	34	
Luxemburg	19	
Mexiko	21	
Brasilien	3	

Im Dendrogramm erkennen wir den größten Bügel in Höhe des Landes Norwegen. Dieser Bügel wird gestrichen:

211

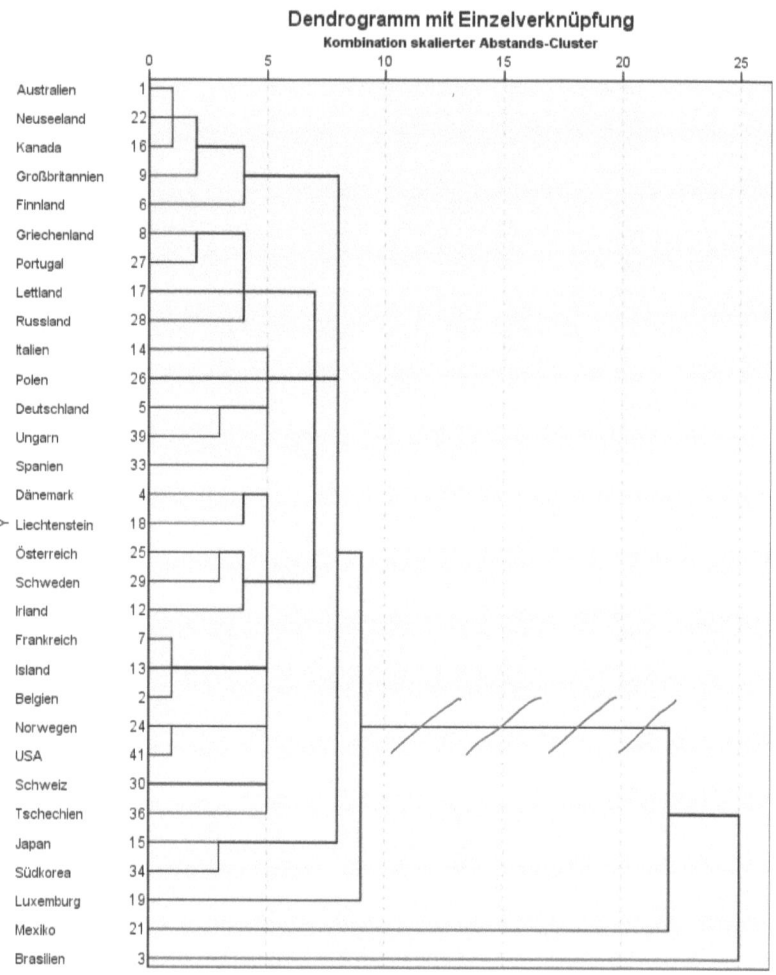

Denkt man sich diesen Bügel weg, so gibt es drei Cluster: Ein Cluster mit dem Land Brasilien, ein Cluster mit dem Land Mexiko und ein Cluster mit allen restlichen Ländern:

1. Cluster: alle Länder ohne Mexiko und Brasilien
2. Cluster: Brasilien
3. Cluster: Mexiko

Einfacher lässt sich die Clusteranzahl aus der Tabelle mit den Koeffizienten bestimmen:

Schritt	Koeffizient	Schritt	Koeffizient
1	4,123	16	15,652
2	5,385	17	15,811
3	5,385	18	16,062
4	6,083	19	17,059
5	6,164	20	17,059
6	7,550	21	17,205
7	8,307	22	17,720
8	10,050	23	18,028
9	10,630	24	21,656
10	12,450	25	23,622
11	13,077	26	24,920
12	14,866	27	26,306
13	15,033	28	29,445
14	15,297	29	65,445
15	15,524	30	75,459

Der größte Sprung („gap") der Koeffizienten erfolgt vom 28. Schritt auf den 29. Schritt von 29,445 auf 65,445. Insgesamt haben wir $n = 31$ Länder/Fälle in die Clusteranalyse einbezogen. Daraus ergibt sich die Anzahl der Cluster als Differenz zwischen der Anzahl der zu klassifizierenden Fälle und der Schrittzahl, hinter dem sich der Koeffizient sprunghaft erhöht, hier $n - 28 = 31 - 28 = 3$ Klassen/Cluster.

Um zu wissen, welche Länder zusammen in einem Cluster liegen, muss SPSS erneut eine hierarchische Clusteranalyse durchlaufen, bei der jedoch die Anzahl der zu bildenden Custer auf drei gesetzt ist. Die Clusterzugehörigkeit steht in der Spalte CLU in der Datenansicht hinter jedem Fall.

213

Welches dieser drei Cluster die Spitzengruppe darstellt, welches das Mittelfeld und wer das Schlusslicht bildet, lässt sich nur daran erkennen, dass die arithmetischen Mittel von den drei gemessenen Kompetenzen in jedem Cluster berechnet werden:

Cluster	Kompetenz		
	Lesen	Mathe	Naturwiss.
1	499,28	502,31	499,10
2	396	334	375
3	422	387	422

Somit stellt das erste Cluster die Spitzengruppe dar, das zweite Cluster mit Brasilien das Schlusslicht und das dritte Cluster mit Mexiko das Mittelfeld.

Bisher haben wir metrisch skalierte Variablen betrachtet. Für binäre Variablen lässt sich ebenfalls eine hierarchische Clusteranalyse durchführen.

Beispiel 13.3 (Quelle: Arrenberg, Kowalski [2007])
Bei einer Umfrage sollte der Lerntyp bei Studierenden ermittelt werden. Die folgende Frage war zu beantworten: Ich lerne leichter, wenn ... (*maximal zwei Antworten*)

☐ ... ich die Inhalte geschrieben vor mir sehe. (visueller Lerntyp)

☐ ... ich mit anderen diskutiere. (kommunikativer Lerntyp)

☐ ... ich ein Experiment machen und ausprobieren kann. (motorischer Lerntyp)

☐ ... ich die Inhalte jemanden erkläre oder vorlese. (auditiver Lerntyp)

Die vier dichotomen Variablen Lerntyp auditiv, Lerntyp kommunikativ, Lerntyp motorisch, Lerntyp visuell wurden mit 0=nein und ja=1 kodiert. Eine 0/1-Variable wird auch als binäre Variable bezeichnet. Um eine hierarchische Clusteranalyse durchführen zu können, sind dichotome Variablen mit 0 und 1 zu kodieren.

Wir bezeichnen die Lerntypen abkürzend mit ihren Anfangsbuchstaben: a=auditiv, k=kommunikativ, m=motorisch, v=visuell. Für die 933 Befragten ergaben sich folgende absoluten Häufigkeiten:

Lerntyp	a	22
	ak	96
	am	59
	av	195
	k	35
	m	23
	mk	91
	v	94
	vk	175
	vm	143
Gesamt		933

Um eine hierarchischen Clusteranalyse durchzuführen, wählen wir bei der Eingabe in SPSS als Clustermethode „Verlinkung innerhalb der Gruppen" und als binäres Maß „Musterdifferenz". Der größte Sprung der Koeffizienten tritt auf vom 931. Schritt auf den 932. Schritt:

Schritt	Koeffizient
931	0,064
932	0,113

Aus der Differenz Anzahl der zu klassifizierenden Fälle $n = 933$ minus Nr. des Schritts vor dem größten Sprung, ergibt sich die Anzahl der Cluster mit $933 - 931 = 2$. Es gibt also zwei verschiedene Lerntypen Cluster 1, Cluster 2:

Lerntyp ∗ Cluster Kreuztabelle

Anzahl

| | | Cluster | | Gesamt |
		1	2	
Lerntyp	a	6	16	22
	ak	0	96	96
	am	0	59	59
	av	195	0	195
	k	10	25	35
	m	10	13	23
	mk	0	91	91
	v	94	0	94
	vk	175	0	175
	vm	143	0	143
Gesamt		633	300	933

Aus der Kreuztabelle lässt sich ablesen, welche Lerntypen die beiden Clustern repräsentieren:

Cluster 1: Lerntyp av, vk, vm, v
Cluster 2: Lerntyp ak, mk, am

13.2 k-Means-Clusteranalyse

Bei der hierarchischen Clusteranalyse ist die Anzahl k der Cluster, in die ein Datensatz zerlegt wird, ein Ergebnis des Verfahrens. Bei der sogenannten k-Means-Clusteranalyse (k-Means Verfahren) müssen wir vorgeben, in wie viele Cluster der Datensatz zerlegt werden soll.

Die Variablen, deren Beobachtungen wir im Datensatz betrachten, dürfen wie folgt skaliert sein:

    nominal: nein
    ordinal: nein
    metrisch: ja

Beispiel 13.4 (univariater Datensatz, Quelle: Handl [2002] S. 387)
Bei $n = 6$ Personen P_1, P_2, P_3, P_4, P_5, P_6 wurde das Alter erfasst: 43, 38, 6, 47, 37, 9 Jahre.
Die sechs Personen sollen in $k = 2$ Cluster aufgeteilt werden, wobei die Personen in ein und demselben Cluster sich ähnlich sein sollen, während die Cluster selber unterschiedlich sein sollen.
Bei der k-Means-Clusteranalyse wählen wir für die gewünschten zwei Cluster eine beliebige Zerlegung als Ausgangssituation, z.B.:

$$\text{Ausgangssituation: } \{P_1, P_2, P_3\}, \{P_4, P_5, P_6\}$$

Im ersten Cluster beträgt das Durchschnittsalter $\overline{x} = \frac{1}{3}[43 + 38 + 6] = 29$ Jahre und im zweiten Cluster $\overline{x} = \frac{1}{3}[47 + 37 + 9] = 31$ Jahre. Als Gütemaß für diese Start-Zerlegung nehmen wir die Summe der quadrierten Abstände (Abstand = euklidische Distanz) der Objekte eines Clusters zum arithmetischen Mittel des Clusters:

$$
\begin{array}{rcr}
(43 - 29)^2 & = & 196 \\
(38 - 29)^2 & = & 81 \\
(6 - 29)^2 & = & 529 \\
(47 - 31)^2 & = & 256 \\
(37 - 31)^2 & = & 36 \\
(9 - 31)^2 & = & 484 \\
\hline
\Sigma & & 1582
\end{array}
$$

Anschließend werden wir ein Objekt eines Clusters in ein anderes Cluster verschieben und prüfen, ob sich dadurch die Summe der quadrierten euklidischen Distanzen verringert. Ziel der k-Means- Clusteranalyse ist es, die n Objekte so auf die Cluster zu verteilen, dass die Summe der quadrierten Distanzen minimal ist. Im ersten Schritt verschieben wir P_1 ins zweite Cluster:

$$\text{1. Zerlegung: } \underbrace{\{P_2, P_3\}}_{\overline{x}=22}, \underbrace{\{P_1, P_4, P_5, P_6\}}_{\overline{x}=34}$$

Die quadrierten euklidischen Distanzen betragen:

$$
\begin{aligned}
(38-22)^2 &= 256 \\
(6-22)^2 &= 256 \\
(43-34)^2 &= 81 \\
(47-34)^2 &= 169 \\
(37-34)^2 &= 9 \\
\underline{(9-34)^2} &= \underline{625} \\
\Sigma &\quad 1\,396
\end{aligned}
$$

Die Summe der quadrierten euklidischen Distanzen reduzierte sich von 1 582 auf 1 396, d.h. diese Zerlegung stellt eine Verbesserung gegenüber der Ausgangssituation dar. Im nächsten Schritt verschieben wir wieder ein Objekt in ein anderes Cluster. Im letzten Schritt erhalten wir folgende Zerlegung:

letzte Zerlegung: $\{\underbrace{P_3, P_6}_{\bar{x}=7,5}\}, \{\underbrace{P_1, P_2, P_4, P_5}_{\bar{x}=41,25}\}$

Die quadrierten euklidischen Distanzen betragen:

$$
\begin{aligned}
(6-7,5)^2 &= 2,25 \\
(9-7,5)^2 &= 2,25 \\
(43-41,25)^2 &= 3,0625 \\
(38-41,25)^2 &= 10,5625 \\
(47-41,25)^2 &= 33,0625 \\
\underline{(37-41,25)^2} &= \underline{18,0625} \\
\Sigma &\quad 69,25
\end{aligned}
$$

Der Wert 69,25 lässt sich nicht mehr verringern. Da wir vorgegeben hatten, zwei Cluster zu bilden, wurde mit Hilfe der kleinsten Summe der quadrierten Differenzen die beste Cluster-Einteilung gefunden.

Es ergaben sich ein Cluster mit den beiden Kindern und ein Cluster mit den vier Erwachsenen. Diese Aufteilung in zwei Cluster ist identisch mit den beiden Clustern der hierarchischen Clusteranalyse aus Beispiel 13.1.

Insbesondere für größere Stichprobenumfänge als $n = 6$ sind die Clusterzugehörigkeiten der hierarchischen und der k-Means Clusteranalyse häufig unterschiedlich.

Die Entscheidung, wann die Summe der quadrierten Differenzen minimal ist, trifft SPSS durch geschicktes Ausprobieren. Insb. ergeben sich unter Umständen andere Ergebnisse, wenn die Anzahl der Iterationen zu „klein" ist. Damit wir alle dieselben Clusteraufteilungen erhalten, setzten wir die Anzahl der Iterationen von 10 hoch auf 35.

Ist nicht klar, wie viele Cluster die k-Means-Clusteranalyse erstellen soll, so lässt sich vorab eine hierarchische Clusteranalyse durchlaufen, bei der die sinnvolle Anzahl von Clustern bestimmt wird.

Beispiel 13.5 (multivariater Datensatz, vgl. Beispiel 12.2)
Im Rahmen der PISA-Studie 2000 wurde in 31 Ländern die Variablen

- Lesekompetenz (gemessen in Punkten)

- Mathematische Grundbildung (gemessen in Punkten)

- Naturwissenschaftliche Grundbildung (gemessen in Punkten)

erfasst. Es liegen pro Land drei Beobachtungswerte vor. Wir möchten die 31 Länder in drei Cluster aufteilen. Die k-Means-Clusteranalyse klassifiziert - abweichend von der Klassifizierung der hierarchischen Clusteranalyse - die Länder wie folgt:

Land	Cluster	Land	Cluster	Land	Cluster
Australien	1	Italien	2	Polen	2
Belgien	1	Japan	1	Portugal	2
Brasilien	3	Kanada	1	Russland	2
Dänemark	1	Korea	1	Schweden	1
Deutschland	2	Lettland	2	Schweiz	1
Finnland	1	Liechtenstein	2	Spanien	2
Frankreich	1	Luxemburg	2	Tschechien	1
Griechenland	2	Mexiko	3	Ungarn	2
Großbritannien	1	Neuseeland	1	USA	1
Irland	1	Norwegen	1		
Island	1	Österreich	1		

In dem ersten Cluster befinden sich 18 Länder, in dem zweiten Cluster befinden sich elf Länder, das dritte Cluster setzt sich aus den beiden Ländern Brasilien und Mexiko zusammmen. Um zu entscheiden, welches Cluster die Spitzenklasse, welches Cluster das Mittelfeld und welches Cluster das Schlusslicht darstellen, werden in den jeweiligen Clustern die arithmetischen Mittel der Punkte für Lesekompetenz, mathematische und naturwissenschaftliche Grundbildung betrachtet. Diese arithmetischen Mittel werden auch als **Clusterzentren** bezeichnet.

Clusterzentren der endgültigen Lösung

	Cluster		
	1	2	3
Lesekompetenz	515	474	409
MathGrundbildung	521	471	361
NaturwGrundbildung	516	472	399

Im ersten Cluster sind alle drei arithmetischen Mittel am höchsten; d.h. das erste Cluster stellt die Spitzenklasse dar. In dem zweiten Cluster befindet sich das Mittelfeld. Und im dritten Cluster sind die Länder, die sehr schlecht abgeschnitten haben.

Erhaltene Cluster lassen sich mithilfe der Hauptkomponenten-Analyse visuell in einem Streudiagramm darstellen.

Beispiel 13.6 (*Kriminalitaet.sav* aus Schlittgen [2009] S. 5)
Regelmäßig wird in den 50 Staaten der USA plus Hawaii die Kriminalität erfasst; d.h. insb. $n = 51$. Wir betrachten die folgenden sieben Delikte:

$X_1 = $ Mord $\qquad X_5 = $ Einbruch
$X_2 = $ Vergewaltigung $\qquad X_6 = $ Diebstahl
$X_3 = $ Raub $\qquad X_7 = $ Autodiebstahl
$X_4 = $ Körperverletzung

Im Jahr 2002 ergaben sich für die sieben Delikte folgende Anzahl der Fälle pro 100 000 Einwohner:

Staat	X_1	X_2	X_3	X_4	X_5	X_6	X_7
Alabama	7	37	133	268	949	2762	310
Alaska	5	79	76	403	607	2755	384
Arizona	7	30	147	370	1083	3694	1057
Arkansas	5	28	93	298	857	2625	251
Californ	7	29	185	373	679	2038	633
Colorado	4	46	79	223	703	2778	514
Connecti	2	21	117	170	494	1858	334
Delaware	3	44	143	409	663	2298	379
Columbia	46	46	672	869	906	3802	1681
Florida	6	40	195	529	1061	3060	530
Georgia	7	25	157	270	864	2740	444
Hawaii	2	30	97	133	1022	3964	796
Idaho	3	37	18	197	555	2167	196
Illionoi	8	34	201	379	644	2396	356
Indiana	6	30	107	214	692	2372	329
Iowa	2	27	40	217	635	2330	198
Kansas	3	38	80	256	725	2720	266
Kentucky	5	27	75	173	681	1729	214
Louisian	13	34	159	456	1012	2974	450
Maine	1	29	21	57	538	1900	110
Maryland	9	25	246	490	729	2626	623
Massachu	3	28	112	343	517	1679	414
Michigan	7	53	118	362	706	2133	495
Minnesot	2	45	78	142	559	2433	276
Mississi	9	39	117	178	1031	2454	332
Missouri	6	26	124	383	753	2819	492
Montana	2	26	31	293	362	2604	196
Nebraska	3	27	79	206	597	2975	371
Nevada	8	43	236	351	872	2184	805
NeHampsh	1	35	32	93	379	1527	153
NeJersey	4	16	162	193	511	1723	416
NeMexico	8	55	119	557	1058	2879	401
NewYork	5	20	191	280	400	1660	247
NCarolin	7	26	147	291	1196	2756	299
NDakota	7	26	147	291	1196	2756	299
Ohio	5	42	157	148	868	2513	375
Oklahoma	5	45	85	369	1007	2868	366
Oregon	2	35	78	177	730	3377	469
Pennsylv	5	30	139	228	451	1722	266
RhodeIsl	4	37	86	159	600	2248	456
SCarolin	7	48	141	627	1065	3000	411
SDakota	1	47	15	113	399	1595	108
Tennessee	7	40	162	508	1057	2788	458
Texas	6	39	173	361	976	3163	471
Utah	2	41	49	145	653	3229	333
Vermont	2	20	13	72	566	1733	125
Virginia	5	25	95	166	435	2160	253
Washingt	3	45	96	202	905	3189	667
WVirgini	3	18	37	176	537	1528	216
Wiscons	3	23	87	113	513	2267	247
Wyoming	3	30	19	222	491	2668	149

Wir möchten die Staaten in Kriminalitäts-Cluster aufteilen. Anschließend sollen diese Cluster in einem Streudiagramm eingetragen werden, um zu sehen, welche Staaten sich hinsichtlich der Kriminalität ähneln und welche Staaten sich hinsichtlich der Kriminalität deutlich unterscheiden.

Dazu durchlaufen wir zunächst mit allen sieben Variablen eine hierarchische Clusteranalyse (erste Clusteranalyse). Der höchste Sprung der Koeffizienten ist von Schritt 49 auf Schritt 50:

Schritt	Koeffizient
49	685,474
50	979,169

d.h. die sinnvolle Clusteranzahl beträgt $n - 49 = 51 - 49 = 2$.

Um die Clusterzugehörigkeit der einzelnen Staaten zu erhalten, durchlaufen wir erneut eine hierarchische Clusteranalyse (zweite Clusteranalyse), diesmal jedoch mit den beiden SPSS-Einstellungen:

1) „Statistiken ... " anklicken.
   „Einzelne Lösung, Anzahl der Cluster: = 2" eintragen.
   „Weiter" anklicken.

2) Auf „Speichern ... " klicken.
   Um die Clusterzugehörigkeit für jeden Fall zu erhalten, wird ein Haken unter „Einzelne Lösung" gesetzt und dort die Anzahl der Cluster unter „Anzahl der Cluster = 2" eingetragen.
   „Weiter" anklicken.

Es ergibt sich, dass es ein Cluster nur mit dem District of Columbia gibt und ein Cluster mit allen übrigen 50 Staaten. Im District of Columbia ist die Kriminalität so hoch, dass es keinen vergleichbaren anderen Staat gibt. So lässt sich jedoch nicht zwischen den 50 Staaten diskriminieren. Deshalb entfernen wir den District of Columbia aus dem Datensatz und durchlaufen erneut eine hierarchische Clusteranalyse (dritte Clusteranalyse).

Der höchste Sprung der Koeffizienten ist von Schritt 48 auf Schritt 49:

Schritt	Koeffizient
48	451,039
49	685,474

d.h. die sinnvolle Clusteranzahl beträgt $n - 48 = 50 - 48 = 2$.

Um zu erkennen, welches der beiden Cluster eine niedrige Kriminalität und welches eine hohe Kriminalität aufweist, durchlaufen wir eine k-Means-Clusteranalyse (vierte Clusteranalyse). Die vorgegebene Anzahl der Cluster beträgt zwei. Die arithmetischen Mittel (Clusterzentren der endgültigen Lösung) der sieben Variablen in den zwei Clustern betragen:

Delikt	Cluster	
	1	2
Mord	4	6
Vergewaltigung	31	38
Raub	97	121
Körperverletzung	220	322
Einbruch	558	892
Diebstahl	2012	2928
Autodiebstahl	309	443

Aus den arithmetischen Mitteln lässt sich zweifelsfrei erkennen, dass im ersten Cluster (California, Connecticut, ..., Wisconsin) Staaten mit niedriger Kriminalität liegen und im zweiten Cluster (Arizona, Hawaii, ..., Wyoming) Staaten mit hoher Kriminalität liegen.

Um die Cluster in einem Streudiagramm einzutragen, durchlaufen wir mit allen sieben Variablen eine Hauptkomponenten-Analyse und ziehen dabei genau zwei Hauptkomponenten heraus. Die ersten beiden Hauptkomponenten erklären knapp 70% (exakt: 69,374%) der gesamten Varianz. Das ist nicht viel, d.h. der Informationsverlust durch Betrachtung nur der beiden Hauptkomponenten statt der sieben Variablen beträgt etwa 30%. Trotzdem werden wir die beiden Cluster (per Hand) einzeichnen:

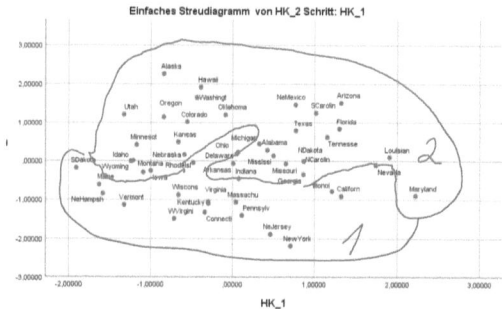

Im Streudiagramm liegen die Staaten mit geringer Kriminalität links unten, während die Staaten mit hoher Kriminalität rechts oben liegen.

13.3 Two-Step Clusteranalyse

Bei der Two-Step Clusteranalyse werden auch nominal skalierte Variablen berücksichtigt. Die Variablen, deren Beobachtungen wir im Datensatz betrachten, dürfen wie folgt skaliert sein:

        nominal: ja
        ordinal: ja
        metrisch: ja

Diskrete Variablen mit nominaler oder ordinaler Skalierung werden auch als **kategoriale Variablen** bezeichnet. Stetige Variablen haben eine metrische Skalierung. Umgekehrt muss aber nicht jede metrisch skalierte Variable stetig sein, z.B. X=Anzahl der Geschwister.

Voraussetzungen für die Two-Step Clusteranalyse sind:

1) Unabhängigkeit der Variablen
   Die stochastische Unabhängigkeit zweier Variablen kann mit dem Chi-Quadrat-Test (siehe Kapitel 3.1) überprüft werden; ggf. müssen für die Einhaltung der Faustregel die Werte der metrisch skalierten Variablen vorher klassiert werden.
   Jedoch folgt aus der paarweisen stochastischen Unabhängigkeit nicht die stochastische Unabhängigkeit aller einbezogenen Variablen.
   Fazit: Wir haben keine Möglichkeit, diese Voraussetzung mit SPSS zu

überprüfen, sondern wir unterstellen, dass diese Voraussetzung zutrifft.

2) Normalverteilung für die metrischen Variablen
   Diese Voraussetzung wird mit dem Lilliefors-Test oder dem Shapiro-Wilk-Test überprüft (siehe Kapitel 5.1 und 5.2).

3) Multinomialverteilung für die nicht metrischen Variablen
   Eine Zufallsvariable X hat eine Multinomialverteilung, wenn bei jeder der n Befragungen die Wahrscheinlichkeiten $p_1, p_2, \ldots, p_k$ für das Eintreten einer der k Kategorien von X immer gleich groß sind und die n Befragungen stochastisch unabhängig voneinander geschehen. (Für den Fall, dass X nur genau zwei Kategorien hat, also $k = 2$, ist die Multinomialverteilung identisch mit der Binomialverteilung.)
   Sind die Wahrscheinlichkeiten $p_1, p_2, \ldots, p_k$ bekannt, so kann mit dem Chi-Quadrat-Anpassungstest (steht bei SPSS unter „Nichtparametrische Tests") die Nullhypothese der Multinomialverteilung überprüft werden. Der p-Wert wird über die Chi-Quadrat-Verteilung mit $k - 1$ Freiheitsgraden berechnet. Für den vorliegenden Fall, dass die Wahrscheinlichkeiten $p_1, p_2, \ldots, p_k$ unbekannt sind, müssen insgesamt $m = k - 1$ Wahrscheinlichkeiten geschätzt werden, jedoch wäre dann die Verteilung zur Berechnung des p-Wertes die Chi-Quadrat-Verteilung mit $k - 1 - m = 0$ Freiheitsgraden, die nicht definiert ist. Fazit: Wir haben keine Möglichkeit, einen Test auf Multinomialverteilung durchzuführen, sondern wir unterstellen, dass Multinomialverteilung für alle nominalen und ordinalen Variablen vorliegt.

Bei der Two-Step-Clusteranalyse kann die Anzahl der Cluster wahlweise vorgegeben werden oder die Anzahl kann von SPSS ermittelt werden.

Beispiel 13.7 (*EU Staaten_2013.sav*)
Die Mitgliedsstaaten der EU im Jahr 2013 sollen aufgrund ihrer Inflationsraten, dem Staatsdefizit (in Mrd Euro), der Staatsverschuldung in Relation zum Bruttoinlandsprodukt (BIP) und ihrem Teilnahmestatus (ja/nein) an der Eurozone im Jahr 2013 klassifiziert werden:

Mitgliedsstaat	Inflation	Defizit	Quotient	Eurozone
Deutschland	1,90	2150,50	81,70	ja
Italien	1,40	2034,76	126,10	ja
Frankreich	1,00	1870,29	89,90	ja
GB	2,70	1638,72	88,70	nein
Spanien	2,20	922,83	85,30	ja
Niederlande	3,20	431,36	68,70	ja
Belgien	1,50	394,22	99,60	ja
Griechenland	−0,30	305,29	161,30	ja
Österreich	2,20	231,59	74,60	ja
Polen	0,20	219,54	53,80	nein
Portugal	1,20	208,28	119,70	ja
Irland	0,70	204,05	118,00	ja
Schweden	,50	168,72	38,60	nein
Dänemark	,60	109,67	45,30	nein
Finnland	2,30	105,27	53,50	ja
Ungarn	2,00	76,67	78,60	nein
Tschechien	1,60	70,84	43,90	nein
Rumänien	4,50	52,04	37,20	nein
Slowakei	1,70	39,35	48,,60	ja
Slowenien	2,20	19,12	53,20	ja
Zypern	,80	15,34	80,90	ja
Litauen	1,30	13,53	38,50	nein
Luxemburg	2,00	10,04	18,40	ja
Lettland	,20	8,76	44,00	nein
Bulgarien	1,20	7,21	17,90	nein
Malta	,60	5,17	77,00	ja
Estland	4,10	1,72	8,00	ja
Kroatien	2,20	4,00	52,10	nein

Die Two-Step Clusteranalyse erkennt zwei Cluster:

Cluster 1: Mitgliedsstaaten der Eurozone
Cluster 2: Nicht-Mitgliedsstaaten der Eurozone

Das Kohäsionsmaß misst den durchschnittlichen Abstand von zwei Punkten in ein- und demselben Cluster, das Separationsmaß misst den minimalen Abstand zweier Cluster. Das Umrissmaß (auch Silhouette Maß genannt) liegt immer im Intervall $[-1; +1]$ und ist eine Kombination aus Kohäsionsmaß und Separationsmaß. Es sollte möglichst nahe eins sein, damit die Güte der Clusteranalyse gewährleistet ist. Hier ist das Umrissmaß nahe bei 0,5, somit ist die Güte der Clusteranalyse gut.

Anmerkung: Wird die Reihenfolge der Beobachtungen vertauscht, so können bei der Two-Step Clusteranalyse unterschiedliche Ergebnisse auftauchen. Deshalb wird vor der Durchführung einer Two-Step Clusteranalyse empfohlen, die Beobachtungen zufällig anzuordnen. Es gilt jedoch, je größer der Stichprobenumfang desto robuster ist die Two-Step Clusteranalyse gegenüber Vertauschungen der Reihenfolge der Beobachtungen. Faustregel: $n \geq 200$

13.4 Zusammenfassung

Mit der hierarchischen Clusteranalyse lässt sich die sinnvolle Anzahl von Clustern bestimmen, in die ein Datensatz zerlegt werden soll. Für die anschließende Interpretation der Cluster ist die k-Means Clusteranalyse komfortabler als die hierarchische Clusteranalyse, weil die k-Means Clusteranalyse die arithmetischen Mittel der betrachteten Variablen in den einzelnen Clustern berechnet. Gefundene Cluster lassen sich visuell in einem Streudiagramm mit den beiden ersten Hauptkomponenten als Achsen darstellen.
Die Two-Step Clusteranalyse setzt vieles voraus, das leider nicht mit SPSS verifiziert werden kann.

13.5 SPSS-Befehle

13.5.1 Hierarchische Clusteranalyse

1) Öffnen Sie die Datei „Pisa-Studie-2000.sav"

2) Analysieren → Klassifizieren → Hierarchische Cluster …

3) Übernehmen Sie als Variablen „Lesekompetenz", „MathGrundbildung"
und „NaturwGrundbildung".
Wählen Sie als Fallbeschriftung die Variable „Land" aus. Dann stehen im Dendrogramm nicht die Fallnummern sondern die Namen
der Länder.

4) Auf „Diagramme ... " klicken.
Setzen Sie einen Haken bei „Dendrogramm" und „Ohne" bei Eiszap-
fen. Klicken Sie auf „Weiter".

5) Auf „Methode ... " klicken.
Im Dropdown-Menü für „Clustermethode" wählen Sie „Nächstgele-
gener Nachbar". Setzen Sie einen Haken bei „Intervall" und wählen
Sie im Dropdown-Menü als Maß „Euklidische Distanz". Im Dropdown-
Menü für „Werte transformieren" wählen Sie „Ohne" Standardisieren. Klicken Sie auf „Weiter".
(Liegen ordinal skalierte Variablen vor, so sind als Cluster-Methode
„Entferntester Nachbar" und als Maß „Minkowski" mit „$q=1$" einzutragen. Liegen binäre Variablen vor, so sind als Clustermethode „Verlinkung innerhalb der Gruppen" und als Maß „Binär" und „Musterdifferenz" einzutragen.)

6) Auf „Statistiken ... " klicken.
Falls die Anzahl der Cluster bekannt ist, kann diese unter „Einzelne
Lösung, Anzahl der Cluster gleich = ... " eingegeben werden. Klicken
Sie auf „Weiter".

7) Auf „Speichern ... " klicken.
Damit die Clusterzugehörigkeit für jeden Fall vermerkt wird, muss
zum einen die Anzahl der Cluster bekannt sein. Zum anderen muss
ein Haken unter „Einzelne Lösung" gesetzt werden und dort die Anzahl der Cluster unter „Anzahl der Cluster = ... " eingetragen werden.
Klicken Sie auf „Weiter".
Die Cluster-Zugehörigkeit steht dann in der Datenansicht in der Spalte CLU3.

8) Klicken Sie auf „Ok", um die Auswertung zu erhalten.

Die Werte der kophenischen Matrix finden Sie in der Ausgabe unter „Koef-fizienten". Der größte Sprung bei den Koeffizienten liegt zwischen 29,445 im 28. Schritt und 65,445 im 29. Schritt. Insgesamt haben wir $n = 31$ Län-der/Fälle in die Clusteranalyse einbezogen. Daraus ergibt sich die Anzahl der Cluster als Differenz zwischen der Anzahl der zu klassifizierenden Fälle und der Schrittnummer, hinter der sich der Koeffizient sprunghaft erhöht, hier: $n - 28 = 31 - 28 = 3$ Klassen/Cluster.

Die Zerlegung in dem 28. Schritt können Sie im Dendrogramm ablesen. Es sind drei Cluster.

⚠ SPSS verwendet beim Zeichnen des Dendrogramms immer eine Ska-la von 0 bis 25. Das bedeutet, aus dem Dendrogramm lässt sich zwar der größte Sprung erkennen und die Cluster ablesen, aber nicht die wirkliche Höhe der Koeffizienten/Sprünge.

Jetzt wissen wir, dass bei der hierarchischen Clusteranalyse eine Einteilung der Länder in drei Cluster zutrifft. Da es gerade für große Stichprobenum-fänge etwas mühselig ist, diese Cluster aus dem Dendrogramm abzulesen, können Sie erneut die hierarchische Clusteranalyse in SPSS starten und da-bei sowohl unter „Statistiken" als auch unter „Speichern" jeweils einen Ha-ken setzen bei „Einzelne Lösung" und die Anzahl der Cluster auf 3 setzen. Dann erhalten Sie in der Datenansicht unter CLU3 die Clusterzugehörig-keit der einzelnen Länder.

13.5.2 *k*-Means-Clusteranalyse

1) Öffnen Sie die Datei „Pisa-Studie-2000.sav"

2) Analysieren → Klassifizieren → *k*-Means-Cluster ...

3) Übernehmen Sie als Variablen „Lesekompetenz" sowie „MathGrund-bildung" und „NaturwGrundbildung". Als Anzahl der Cluster wählen Sie 3. Setzen Sie einen Haken bei „Iterieren und klassifizieren".

4) Klicken Sie auf „Iterieren “.…

Als Maximalzahl der Iterationen wählen Sie 35, als Konvergenzkriterium null. Anschließend klicken Sie auf „Weiter“.

5) Klicken Sie auf „Optionen …“.

Setzen Sie Haken bei „ANOVA-Tabelle“, „Cluster-Informationen für jeden Fall“ und „Listenweiser Fallausschluss“. Anschließend klicken Sie auf „Weiter“.

6) Klicken Sie auf „Speichern …“.

Setzen Sie einen Haken bei „Clusterzugehörigkeit“.

(Sie können auch noch einen Haken bei „Distanz vom Clusterzentrum“ setzen. Dann steht in der Datenansicht unter QCL_2 der Abstand des Landes zum Clusterzentrum. Ist der Abstand klein, so liegt das Land im Zentrum der Klasse. Je größer der Abstand ist, desto weiter liegt das Land vom Clusterzentrum entfernt.)

7) Klicken Sie auf „Ok“, um die Auswertung zu erhalten.

Die arithmetischen Mittel der drei betrachteten Variablen Lesekompetenz, Mathematik-Kompetenz und Kompetenz in Naturwissenschaften der einzelnen Cluster stehen in der Ausgabe-Tabelle „Clusterzentren der endgültigen Lösung“. In der Datenansicht unter der Variable QCL_1 steht die Klassenzugehörigkeit hinter jedem Fall.

Bei fehlenden Werten bietet SPSS zwei unterschiedliche Vorgehensweisen an:

- Fehlt bei mindestens einer der Variablen der k-Means-Clusteranalyse für einen Fall der Eintrag, so sollte dieser Fall sinnvollerweise von der Clusteranalyse ausgeschlossen werden. Dieser Fall wird dann auch keinem Cluster zugeordnet. Bei den SPSS-Befehlen ist unter „Optionen“ ein Haken bei „Listenweiser Fallausschluss“ zu setzen.

- Ist unter „Optionen“ ein Haken bei „Paarweiser Fallausschluss“ gesetzt, so wird jeder Fall in die Clusteranalyse einbezogen, sobald der Fall bei mindestens einer Variablen der Clusteranalyse einen Eintrag hat.

13.5.3 Two-Step Clusteranalyse

1) Öffnen Sie die Datei „EU_Staaten 2013.sav"

2) Analysieren → Klassifizieren → Two-Step Clusteranalyse ...

3) Kategoriale Variablen = Eurozone
   Stetige Variablen = Inflation, Schulden, Schulden_BIP
   Distanzmaß = Log-Likelihood
   Anzahl der Cluster: Entweder Haken bei „Automatisch ermitteln" oder
   Haken bei „Feste Anzahl angeben" mit Anzahl = ...

4) Klicken Sie auf „Ausgabe ... ".
   Unter „Arbeitsdatendatei" Haken bei „Variable für Clusterzugehörig-
   keit erstellen"
   Klicken Sie auf „Weiter".

5) Klicken Sie auf „Einfügen" (letzte Zeile, zweites Symbol von links gleich
   neben OK)
   In Syntax vor)SAVE Folgendes einfügen:
   /PRINT COUNT SUMMARY

6) In der oberen Symbolleiste „Ausführen → Alle" anklicken

Die Clusterzugehörigkeit eines jeden Landes steht in der TSC-Spalte in der
Datenansicht.

Zentroide

	Inflation		Schulden		Schulden_BIP	
	Mittel-wert	Standard-abweichung	Mittel-wert	Standard-abweichung	Mittel-wert	Standard-abweichung
Cluster 1	1,6882	1,03494	526,4224	749,58928	80,2647	38,58320
2	1,5455	1,28403	215,4273	477,23469	48,9636	19,68361
Kombiniert	1,6321	1,11822	404,2457	664,26268	67,9679	35,60922

14 Zusammenfassung

Zum Schluss geben wir eine Übersicht über die in diesem Buch behandelten Verfahren.

14.1 Übersicht der Fragestellungen

Dabei soll zunächst die Fragestellung und anschließend das zugehörige Verfahren benannt werden.

Frage: Gibt es einen Zusammenhang zwischen zwei Variablen?

Verfahren: **Chi-Quadrat-Test nach Pearson**

Beispiel: Gibt es einen Zusammenhang zwischen dem Besitz eines Computers (ja, nein) und dem Berufstätigkeits-Status (im Ruhestand, nicht im Ruhestand)?

Antwort: Ist der p-Wert gleich oder kleiner als 0,05, so hängen Computer-Besitz und Berufstätigkeits-Status voneinander ab, falls die Stichprobe, anhand der getestet wurde, repräsentativ war.

Frage: Welchen Zusammenhang gibt es in einem bivariaten Datensatz?

Verfahren: r nach **Bravais-Pearson** oder **Spearman-rho** oder **Kendalls-Tau-b** oder **Gamma** oder **Kontingenzkoeffizient**

Beispiel: Kaufen ältere Kunden tendenziell mehr als jüngere Kunden?

Antwort: Sind rho bzw. tau-b bzw. gamma positiv, und stehen sowohl die Altersklassen als auch die Umsatzhöhen aufsteigend geordnet in der Kreuztabelle, so neigen in dieser Stichprobe jüngere Kunden dazu, weniger auszugeben, und ältere Kunden neigen dazu, eher mehr auszugeben.

Frage: Ist die Verteilung einer Variablen eine Normalverteilung?

Verfahren: **Jarque Bera Test, Lilliefors Test, Shapiro-Wilk-Test**

Beispiel: Sind die Umsätze in etwa normalverteilt?

Antwort: Ist der p-Wert kleiner als 0,05, so unterscheidet sich die Verteilung der Umsätze signifikant von einer Normalverteilung, falls die Stichprobe, anhand der getestet wurde, repräsentativ war.

Frage: Hat eine Variable in zwei oder mehr Gruppen unterschiedliche theoretische Varianzen?

Verfahren: **Levene-Test**

Beispiel: Sind die Risiken zweier Wertpapiere in etwa gleich hoch?

Antwort: Ist der p-Wert kleiner als 0,05, so gibt es signifikante Unterschiede in den Risiken der beiden Wertpapiere, falls die Stichprobe, anhand der getestet wurde, repräsentativ war.

Frage: Hat eine Variable in zwei Gruppen unterschiedliche Erwartungswerte?

Verfahren: **t-Test bei zwei unabhängigen Stichproben** bzw. **Welch Test**

Beispiel: Sind die mittleren Umsätze in den beiden Altersklassen unter 60 Jahre und 60+ im Mittel unterschiedlich hoch?

Antwort: Ist der p-Wert kleiner als 0,05, so gibt es signifikante Unterschiede der mittleren Umsatzhöhen in den beiden Altersklassen, falls die Stichprobe, anhand der getestet wurde, repräsentativ war.

Frage: Mit welchem Prognosewert ist zu rechnen?

Verfahren: **Regression**

Beispiel: Welcher Verkaufspreis ist angemessen für einen Gebrauchtwagen mit einer bestimmten Kilometerleistung und einem bestimmten Baujahr?

Antwort: Es wird ein Preis in GE vorhergesagt.

Frage: Hat eine Variable in drei oder mehreren Gruppen dieselbe Verteilung?

Verfahren: **Varianzanalyse**

Beispiel: Sind die mittleren Umsätze in den drei Altersklassen der Jugendlichen, der 18 bis 50-Jährigen und der über 50-Jährigen im Mittel gleich hoch?

Antwort: Ist der p-Wert kleiner als 0,05, so gibt es signifikante Unterschiede der mittleren Umsatzhöhen in den drei Altersklassen, falls die Stichprobe, anhand der getestet wurde, repräsentativ war.

Frage: Hat eine Variable in drei oder mehreren Gruppen denselben theoretischen Median?

Verfahren: **Kruskal-Wallis Test**

Beispiel: Sind die medianen Umsätze in den drei Altersklassen der Jugendlichen, der 18 bis 50-Jährigen und der über 50-Jährigen in etwa gleich hoch?

Antwort: Ist der p-Wert kleiner als 0,05, so gibt es signifikante Unterschiede der medianen Umsatzhöhen in den drei Altersklassen, falls die Stichprobe, anhand der getestet wurde, repräsentativ war.

Frage: Wie lassen sich die Fälle einer bi- oder multivariaten Stichprobe sinnvoll ordnen?

Verfahren: **Hauptkomponenten-Analyse**

Beispiel: Welches Land hat über die drei Kompetenzen Mathe, Lesen, Naturwissenschaften hinweg am besten bei der PISA-Studie abgeschlossen?

Antwort: Es wird genau eine Hauptkomponente herausgezogen und anschließend werden die Länder entlang der Werte der ersten Hauptkomponente absteigend geordnet.

Frage: Wie lassen sich alle Fälle einer multivariaten Stichprobe in einem zweidimensionalen Streudiagramm darstellen?

Verfahren: **Hauptkomponenten-Analyse**

Beispiel: Wo liegen in einem Streudiagramm die US-Staaten hinsichtlich ihrer Kriminalitätsdelikte?

Antwort: Aus den sieben Variablen mit Kriminalitätsdelikten werden genau zwei Hauptkomponenten herausgezogen und anschließend werden die Werte der beiden Hauptkomponenten in ein Streudiagramm eingezeichnet. Die Punkte im Streudiagramm werden mit den Namen der Bundesstaaten der USA beschriftet. Die Staaten links unten im Streudiagramm haben eine geringe Kriminalität, die Staaten rechts oben im Streudiagramm weisen eine hohe Kriminalität auf.

Frage: Wie lassen sich die Fälle eines Datensatzes in Gruppen einteilen?

Verfahren: **Cluster-Analyse**

Beispiel: Die 50 Bundesstaaten der USA werden in verschiedene Kriminalitäts-Cluster eingeteilt.

Antwort: Staaten wie Vermont, Maine, New Hampshire, Connecticut etc. weisen eine geringe Kriminalität auf. Staaten wie New Mexico, Arizona, South Carolina etc. weisen eine hohe Kriminalität auf.

14.2 Übersicht der Skalierungen

Für das Ziel bzw. für die Fragestellung einer Untersuchung ist die Skalierung ausschlaggebend dafür, welches statistische Verfahren genutzt werden darf. Die nachfolgende Übersicht soll bei der Auswahl der Methode helfen:

Ein univariater Datensatz $(x_1, x_2, \dots, x_n)$			
Skalierung	Kennzahlen		Tests
	Lage	Streuung	
nominal	Modus	–	
ordinal	Median	Quartils-abstand	
metrisch	arithm. Mittel	Standardab-weichung	t-Test bei einer Stichprobe Lilliefors-Test, Shapiro-Wilk-Test, Jarque-Bera-Test

Zwei univariate Datensätze $(x_1, \dots, x_n)$ und $(y_1, \dots, y_m)$					
		Tests			
				Y	
		nominal	dichotom	ordinal	metrisch
	nominal				
	dichotom				
X	ordinal				
	metrisch				t-Test bei unabhängigen Stichproben

Die Eingabe zweier univariater Datensätze erfolgt in SPSS wie folgt: In der Datenansicht werden untereinander in der ersten Spalte die Werte $x_1, \dots, x_n, y_1, \dots, y_m$ eingegeben. In der zweiten Spalte wird dann vermerkt, ob der Wert in der Zeile zum ersten oder zum zweiten Datensatz gehört: $1, \dots, 1, 2, \dots, 2$.

Drei oder mehr univariate Datensätze $(x_1,\ldots,x_n)$, $(y_1,\ldots,y_m)$ und $(z_1,\ldots,z_p)$					
Tests					
				Z	
			nominal	dichotom	ordinal	metrisch
X nominal		nominal				
		dichotom				
	Y	ordinal				
		metrisch				
X dichotom		nominal				
		dichotom				
	Y	ordinal				
		metrisch				
X ordinal		nominal				
		dichotom				
	Y	ordinal			Kruskal-Wallis	
		metrisch				
X metrisch		nominal				
		dichotom				
	Y	ordinal				
		metrisch				ANOVA, Kruskal-Wallis

Die Eingabe dreier univariater Datensätze erfolgt in SPSS wie folgt: In der Datenansicht werden untereinander in der ersten Spalte die Werte $x_1,\ldots,$ $x_n, y_1,\ldots,y_m, z_1,\ldots,z_p$ eingegeben. In der zweiten Spalte wird dann vermerkt, ob der Wert in der Zeile zum ersten oder zum zweiten oder zum dritten Datensatz gehört: $1,\ldots,1, 2,\ldots,2, 3,\ldots,3$.

Ein bivariater Datensatz $(x_1, y_1), (x_2, y_2),\ldots,(x_n, y_n)$					
Zusammenhangsmaße					
				Y	
		nominal	dichotom	ordinal	metrisch
	nominal	Kontingenz-koeffizient	Kontingenz-koeffizient	Kontingenz-koeffizient	Kontingenz-koeffizient
	dichotom	Kontingenz-koeffizient	Gamma Tau-b, Rho	Gamma Tau-b, Rho	Gamma Tau-b, Rho
X	ordinal	Kontingenz-koeffizient	Gamma Tau-b, Rho	Gamma Tau-b, Rho	Gamma Tau-b, Rho
	metrisch	Kontingenz-koeffizient	Gamma Tau-b, Rho	Gamma Tau-b, Rho	Pearson

Ein bivariater Datensatz $(x_1, y_1), (x_2, y_2),\ldots,(x_n, y_n)$					
Tests					
				Y	
		nominal	dichotom	ordinal	metrisch
	nominal	χ^2-Test	χ^2-Test	χ^2-Test	χ^2-Test
	dichotom	χ^2-Test	χ^2-Test	χ^2-Test	χ^2-Test
X	ordinal	χ^2-Test	χ^2-Test	χ^2-Test	χ^2-Test
	metrisch	χ^2-Test	χ^2-Test	χ^2-Test	χ^2-Test, t-Test bei verbundenen Stichproben

Ein multivariater Datensatz $(x_1, y_1, z_1), (x_2, y_2, z_2), \ldots, (x_n, y_n, z_n)$						
		Regression				
unab-	ab-	Z unabhängig				
hängig	hängig	nominal	binär	ordinal	metrisch	
X nominal	nominal	MultReg	MultReg	MultReg		
	binär	BinReg	BinReg	BinReg	BinReg	
Y	ordinal	OrdReg	OrdReg	OrdReg		
	metrisch					
X binär	nominal	MultReg	MultReg	MultReg		
	binär	BinReg	BinReg	BinReg	BinReg	
Y	ordinal	OrdReg	OrdReg	OrdReg		
	metrisch					
X ordinal	nominal	MultReg	MultReg	MultReg		
	binär	BinReg	BinReg	BinReg	BinReg	
Y	ordinal	OrdReg	OrdReg	OrdReg		
	metrisch					
X metrisch	nominal					
	binär	BinReg	BinReg	BinReg	BinReg	
Y	ordinal					
	metrisch				LinReg	

BinReg   Binäre logistische Regression mit der abhängigen Variablen Y und den beiden unabhängigen Variablen X und Z

LinReg   Multiple lineare Regression mit der abhängigen Variablen Y und den beiden unabhängigen Variablen X und Z

MultReg Multinomiale logistische Regression mit der abhängigen Variablen Y und den beiden unabhängigen Variablen X und Z

OrdReg Ordinale Regression mit der abhängigen Variablen Y und den beiden unabhängigen Variablen X und Z

A Quantile der Normalverteilung

Ablesebeispiel: $P(U \leq u) = 0{,}164$ $\Rightarrow$ $u = -0{,}9782$

 $u = -0{,}9822$ $\Rightarrow$ $P(U \leq u) = 0{,}163$

Wkt.	.000	.001	.002	.003	.004	.005	.006	.007	.008	.009
0.00		−3.0902	−2.8782	−2.7478	−2.6521	−2.5758	−2.5121	−2.4573	−2.4089	−2.3656
0.01	−2.3263	−2.2904	−2.2571	−2.2262	−2.1973	−2.1701	−2.1444	−2.1201	−2.0969	−2.0749
0.02	−2.0537	−2.0335	−2.0141	−1.9954	−1.9774	−1.9600	−1.9431	−1.9268	−1.9110	−1.8957
0.03	−1.8808	−1.8663	−1.8522	−1.8384	−1.8250	−1.8119	−1.7991	−1.7866	−1.7744	−1.7624
0.04	−1.7507	−1.7392	−1.7279	−1.7169	−1.7060	−1.6954	−1.6849	−1.6747	−1.6646	−1.6546
0.05	−1.6449	−1.6352	−1.6258	−1.6164	−1.6072	−1.5982	−1.5893	−1.5805	−1.5718	−1.5632
0.06	−1.5548	−1.5464	−1.5382	−1.5301	−1.5220	−1.5141	−1.5063	−1.4985	−1.4909	−1.4833
0.07	−1.4758	−1.4684	−1.4611	−1.4538	−1.4466	−1.4395	−1.4325	−1.4255	−1.4187	−1.4118
0.08	−1.4051	−1.3984	−1.3917	−1.3852	−1.3787	−1.3722	−1.3658	−1.3595	−1.3532	−1.3469
0.09	−1.3408	−1.3346	−1.3285	−1.3225	−1.3165	−1.3106	−1.3047	−1.2988	−1.2930	−1.2873
0.10	−1.2816	−1.2759	−1.2702	−1.2646	−1.2591	−1.2536	−1.2481	−1.2426	−1.2372	−1.2319
0.11	−1.2265	−1.2212	−1.2160	−1.2107	−1.2055	−1.2004	−1.1952	−1.1901	−1.1850	−1.1800
0.12	−1.1750	−1.1700	−1.1650	−1.1601	−1.1552	−1.1503	−1.1455	−1.1407	−1.1359	−1.1311
0.13	−1.1264	−1.1217	−1.1170	−1.1123	−1.1077	−1.1031	−1.0985	−1.0939	−1.0893	−1.0848
0.14	−1.0803	−1.0758	−1.0714	−1.0669	−1.0625	−1.0581	−1.0537	−1.0494	−1.0450	−1.0407
0.15	−1.0364	−1.0322	−1.0279	−1.0237	−1.0194	−1.0152	−1.0110	−1.0069	−1.0027	−0.9986
0.16	−0.9945	−0.9904	−0.9863	−0.9822	−0.9782	−0.9741	−0.9701	−0.9661	−0.9621	−0.9581
0.17	−0.9542	−0.9502	−0.9463	−0.9424	−0.9385	−0.9346	−0.9307	−0.9269	−0.9230	−0.9192
0.18	−0.9154	−0.9116	−0.9078	−0.9040	−0.9002	−0.8965	−0.8927	−0.8890	−0.8853	−0.8816
0.19	−0.8779	−0.8742	−0.8705	−0.8669	−0.8633	−0.8596	−0.8560	−0.8524	−0.8488	−0.8452
0.20	−0.8416	−0.8381	−0.8345	−0.8310	−0.8274	−0.8239	−0.8204	−0.8169	−0.8134	−0.8099
0.21	−0.8064	−0.8030	−0.7995	−0.7961	−0.7926	−0.7892	−0.7858	−0.7824	−0.7790	−0.7756
0.22	−0.7722	−0.7688	−0.7655	−0.7621	−0.7588	−0.7554	−0.7521	−0.7488	−0.7454	−0.7421
0.23	−0.7388	−0.7356	−0.7323	−0.7290	−0.7257	−0.7225	−0.7192	−0.7160	−0.7128	−0.7095
0.24	−0.7063	−0.7031	−0.6999	−0.6967	−0.6935	−0.6903	−0.6871	−0.6840	−0.6808	−0.6776
0.25	−0.6745	−0.6713	−0.6682	−0.6651	−0.6620	−0.6588	−0.6557	−0.6526	−0.6495	−0.6464
0.26	−0.6433	−0.6403	−0.6372	−0.6341	−0.6311	−0.6280	−0.6250	−0.6219	−0.6189	−0.6158
0.27	−0.6128	−0.6098	−0.6068	−0.6038	−0.6008	−0.5978	−0.5948	−0.5918	−0.5888	−0.5858
0.28	−0.5828	−0.5799	−0.5769	−0.5740	−0.5710	−0.5681	−0.5651	−0.5622	−0.5592	−0.5563
0.29	−0.5534	−0.5505	−0.5476	−0.5446	−0.5417	−0.5388	−0.5359	−0.5330	−0.5302	−0.5273
0.30	−0.5244	−0.5215	−0.5187	−0.5158	−0.5129	−0.5101	−0.5072	−0.5044	−0.5015	−0.4987
0.31	−0.4959	−0.4930	−0.4902	−0.4874	−0.4845	−0.4817	−0.4789	−0.4761	−0.4733	−0.4705
0.32	−0.4677	−0.4649	−0.4621	−0.4593	−0.4565	−0.4538	−0.4510	−0.4482	−0.4454	−0.4427
0.33	−0.4399	−0.4372	−0.4344	−0.4316	−0.4289	−0.4261	−0.4234	−0.4207	−0.4179	−0.4152
0.34	−0.4125	−0.4097	−0.4070	−0.4043	−0.4016	−0.3989	−0.3961	−0.3934	−0.3907	−0.3880
0.35	−0.3853	−0.3826	−0.3799	−0.3772	−0.3745	−0.3719	−0.3692	−0.3665	−0.3638	−0.3611
0.36	−0.3585	−0.3558	−0.3531	−0.3505	−0.3478	−0.3451	−0.3425	−0.3398	−0.3372	−0.3345
0.37	−0.3319	−0.3292	−0.3266	−0.3239	−0.3213	−0.3186	−0.3160	−0.3134	−0.3107	−0.3081
0.38	−0.3055	−0.3029	−0.3002	−0.2976	−0.2950	−0.2924	−0.2898	−0.2871	−0.2845	−0.2819
0.39	−0.2793	−0.2767	−0.2741	−0.2715	−0.2689	−0.2663	−0.2637	−0.2611	−0.2585	−0.2559
0.40	−0.2533	−0.2508	−0.2482	−0.2456	−0.2430	−0.2404	−0.2378	−0.2353	−0.2327	−0.2301
0.41	−0.2275	−0.2250	−0.2224	−0.2198	−0.2173	−0.2147	−0.2121	−0.2096	−0.2070	−0.2045
0.42	−0.2019	−0.1993	−0.1968	−0.1942	−0.1917	−0.1891	−0.1866	−0.1840	−0.1815	−0.1789
0.43	−0.1764	−0.1738	−0.1713	−0.1687	−0.1662	−0.1637	−0.1611	−0.1586	−0.1560	−0.1535
0.44	−0.1510	−0.1484	−0.1459	−0.1434	−0.1408	−0.1383	−0.1358	−0.1332	−0.1307	−0.1282
0.45	−0.1257	−0.1231	−0.1206	−0.1181	−0.1156	−0.1130	−0.1105	−0.1080	−0.1055	−0.1030
0.46	−0.1004	−0.0979	−0.0954	−0.0929	−0.0904	−0.0878	−0.0853	−0.0828	−0.0803	−0.0778
0.47	−0.0753	−0.0728	−0.0702	−0.0677	−0.0652	−0.0627	−0.0602	−0.0577	−0.0552	−0.0527
0.48	−0.0502	−0.0476	−0.0451	−0.0426	−0.0401	−0.0376	−0.0351	−0.0326	−0.0301	−0.0276
0.49	−0.0251	−0.0226	−0.0201	−0.0176	−0.0150	−0.0125	−0.0100	−0.0075	−0.0050	−0.0025

Wkt.	.000	.001	.002	.003	.004	.005	.006	.007	.008	.009
0.50	0.0000	0.0025	0.0050	0.0075	0.0100	0.0125	0.0150	0.0176	0.0201	0.0226
0.51	0.0251	0.0276	0.0301	0.0326	0.0351	0.0376	0.0401	0.0426	0.0451	0.0476
0.52	0.0502	0.0527	0.0552	0.0577	0.0602	0.0627	0.0652	0.0677	0.0702	0.0728
0.53	0.0753	0.0778	0.0803	0.0828	0.0853	0.0878	0.0904	0.0929	0.0954	0.0979
0.54	0.1004	0.1030	0.1055	0.1080	0.1105	0.1130	0.1156	0.1181	0.1206	0.1231
0.55	0.1257	0.1282	0.1307	0.1332	0.1358	0.1383	0.1408	0.1434	0.1459	0.1484
0.56	0.1510	0.1535	0.1560	0.1586	0.1611	0.1637	0.1662	0.1687	0.1713	0.1738
0.57	0.1764	0.1789	0.1815	0.1840	0.1866	0.1891	0.1917	0.1942	0.1968	0.1993
0.58	0.2019	0.2045	0.2070	0.2096	0.2121	0.2147	0.2173	0.2198	0.2224	0.2250
0.59	0.2275	0.2301	0.2327	0.2353	0.2378	0.2404	0.2430	0.2456	0.2482	0.2508
0.60	0.2533	0.2559	0.2585	0.2611	0.2637	0.2663	0.2689	0.2715	0.2741	0.2767
0.61	0.2793	0.2819	0.2845	0.2871	0.2898	0.2924	0.2950	0.2976	0.3002	0.3029
0.62	0.3055	0.3081	0.3107	0.3134	0.3160	0.3186	0.3213	0.3239	0.3266	0.3292
0.63	0.3319	0.3345	0.3372	0.3398	0.3425	0.3451	0.3478	0.3505	0.3531	0.3558
0.64	0.3585	0.3611	0.3638	0.3665	0.3692	0.3719	0.3745	0.3772	0.3799	0.3826
0.65	0.3853	0.3880	0.3907	0.3934	0.3961	0.3989	0.4016	0.4043	0.4070	0.4097
0.66	0.4125	0.4152	0.4179	0.4207	0.4234	0.4261	0.4289	0.4316	0.4344	0.4372
0.67	0.4399	0.4427	0.4454	0.4482	0.4510	0.4538	0.4565	0.4593	0.4621	0.4649
0.68	0.4677	0.4705	0.4733	0.4761	0.4789	0.4817	0.4845	0.4874	0.4902	0.4930
0.69	0.4959	0.4987	0.5015	0.5044	0.5072	0.5101	0.5129	0.5158	0.5187	0.5215
0.70	0.5244	0.5273	0.5302	0.5330	0.5359	0.5388	0.5417	0.5446	0.5476	0.5505
0.71	0.5534	0.5563	0.5592	0.5622	0.5651	0.5681	0.5710	0.5740	0.5769	0.5799
0.72	0.5828	0.5858	0.5888	0.5918	0.5948	0.5978	0.6008	0.6038	0.6068	0.6098
0.73	0.6128	0.6158	0.6189	0.6219	0.6250	0.6280	0.6311	0.6341	0.6372	0.6403
0.74	0.6433	0.6464	0.6495	0.6526	0.6557	0.6588	0.6620	0.6651	0.6682	0.6713
0.75	0.6745	0.6776	0.6808	0.6840	0.6871	0.6903	0.6935	0.6967	0.6999	0.7031
0.76	0.7063	0.7095	0.7128	0.7160	0.7192	0.7225	0.7257	0.7290	0.7323	0.7356
0.77	0.7388	0.7421	0.7454	0.7488	0.7521	0.7554	0.7588	0.7621	0.7655	0.7688
0.78	0.7722	0.7756	0.7790	0.7824	0.7858	0.7892	0.7926	0.7961	0.7995	0.8030
0.79	0.8064	0.8099	0.8134	0.8169	0.8204	0.8239	0.8274	0.8310	0.8345	0.8381
0.80	0.8416	0.8452	0.8488	0.8524	0.8560	0.8596	0.8633	0.8669	0.8705	0.8742
0.81	0.8779	0.8816	0.8853	0.8890	0.8927	0.8965	0.9002	0.9040	0.9078	0.9116
0.82	0.9154	0.9192	0.9230	0.9269	0.9307	0.9346	0.9385	0.9424	0.9463	0.9502
0.83	0.9542	0.9581	0.9621	0.9661	0.9701	0.9741	0.9782	0.9822	0.9863	0.9904
0.84	0.9945	0.9986	1.0027	1.0069	1.0110	1.0152	1.0194	1.0237	1.0279	1.0322
0.85	1.0364	1.0407	1.0450	1.0494	1.0537	1.0581	1.0625	1.0669	1.0714	1.0758
0.86	1.0803	1.0848	1.0893	1.0939	1.0985	1.1031	1.1077	1.1123	1.1170	1.1217
0.87	1.1264	1.1311	1.1359	1.1407	1.1455	1.1503	1.1552	1.1601	1.1650	1.1700
0.88	1.1750	1.1800	1.1850	1.1901	1.1952	1.2004	1.2055	1.2107	1.2160	1.2212
0.89	1.2265	1.2319	1.2372	1.2426	1.2481	1.2536	1.2591	1.2646	1.2702	1.2759
0.90	1.2816	1.2873	1.2930	1.2988	1.3047	1.3106	1.3165	1.3225	1.3285	1.3346
0.91	1.3408	1.3469	1.3532	1.3595	1.3658	1.3722	1.3787	1.3852	1.3917	1.3984
0.92	1.4051	1.4118	1.4187	1.4255	1.4325	1.4395	1.4466	1.4538	1.4611	1.4684
0.93	1.4758	1.4833	1.4909	1.4985	1.5063	1.5141	1.5220	1.5301	1.5382	1.5464
0.94	1.5548	1.5632	1.5718	1.5805	1.5893	1.5982	1.6072	1.6164	1.6258	1.6352
0.95	1.6449	1.6546	1.6646	1.6747	1.6849	1.6954	1.7060	1.7169	1.7279	1.7392
0.96	1.7507	1.7624	1.7744	1.7866	1.7991	1.8119	1.8250	1.8384	1.8522	1.8663
0.97	1.8808	1.8957	1.9110	1.9268	1.9431	1.9600	1.9774	1.9954	2.0141	2.0335
0.98	2.0537	2.0749	2.0969	2.1201	2.1444	2.1701	2.1973	2.2262	2.2571	2.2904
0.99	2.3263	2.3656	2.4089	2.4573	2.5121	2.5758	2.6521	2.7478	2.8782	3.0902

B Literaturhinweise

AGRESTI, A.[1990] Categorical Data Analysis. John Wiley & Sons

AGRESTI, A.[2002] Categorical Data Analysis. John Wiley & Sons 2nd ed.

AGRESTI, A.[2007] An Introduction To Categorical Data Analysis. John Wiley & Sons 2nd ed.

AMRHEIN, V., GREENLAND, S., MCSHANE, B.[2019] Retire Statistical Significance. Nature, Vol. 567, p. 305 - 307, 21 March 2019

ANDERSON, D.R., SWEENEY, D.J., WILLIAMS, TH.A., FREEMAN, J., SHOESMITH, E. [2017] Statistics for Business and Economics. Thompson Learning, Thomson London 4th ed.

ARRENBERG, J.[2020] Wirtschaftsstatistik für Bachelor. UTB UVK Lucius 4. Aufl.

ARRENBERG, J., KOWALSKI, S.[2007] Studie: Lernen Frauen und Männer unterschiedlich? Kompetenzzentrum Technik- Diversity - Chancengleichheit, Bielefeld

BERENSON, M.L., LEVINE, D.M., KREHBIEL, T.C. [2015] Basic Business Statistics. Pearson 13th ed.

BRADLEY, T. [2007] Essential Statistics For Economics, Business and Management. John Wiley& Sons

BROSIUS, F.[2018] SPSS. MITP-Verlag, Heidelberg 8. Aufl.

BÜHL, A.[2018] SPSS, Einführung in die moderne Datenanalyse. PEARSON Studium, 16. Aufl.

BÜNING, H., THADEWALD, TH.[2007] Jarque-bera Test and Its Competitors for Testing Normality: A Power Comparison. Journal of Applied Statistics 2007, Volumne 34, issue 1, pages 87-105

CHO, DONG W., IM, KYUNG SO[2002] A Test of Normality Using Geary's Skewness and Kurtosis Statistics. www.bus.ucf.edu/documents/-economics/workingpapers/2002-32.pdf

DANIEL, W. W.[2004] Biostatistics. John Wiley & Sons 7th ed.

FERGUSON, TH. S.[1967] Mathematical Statistics. Academic Press

GIBBONS, J.[2010] Nonparametric Statistical Inference. Marcel Dekker-Verlag, New York, 5th ed.

HANDL, A.[2002] Multivariate Analysemethoden. Springer-Verlag 1. Aufl.

HANDL, A., KUHLENKASPER, T.[2017] Multivariate Analysemethoden. Theorie und Praxis mit R, Springer-Spektrum 3. Aufl.

SCHLITTGEN, R.[2012] Einführung in die Statistik, Analyse und Modellierung von Daten. Oldenbourg-Verlag, München 12. Aufl.

SCHLITTGEN, R.[2009] Multivariate Statistik. Oldenbourg-Verlag 1. Aufl.

SHAPIRO, S. S., WILK, M. B.[1965] An Analysis of Variance Test for Normality (Complete Samples). Biometrika, Vol. 52, No. 3/4. (Dec., 1965), pp. 591-611 (vgl. http://sci2s.ugr.es/keel/pdf/ algorithm/articulo /shapiro1965.pdf)

C Online Kurs Material

youtube SPSS Tutorial für Einsteiger
  https://www.youtube.com/watch?v=m1bUo49OSyg

D Stichwortverzeichnis